全国职业院校工业机器人技术专业规划教材

Gongye Jiqiren Xianchang Biancheng

工业机器人现场编程

项万明　主　编
吴晓斌　陈益锋　主　审

人民交通出版社股份有限公司
China Communications Press Co.,Ltd.

内 容 提 要

　　本书为全国职业院校工业机器人技术专业规划教材。主要内容包括：认识工业机器人、手动操作工业机器人、设置工业机器人常用坐标系、建立工业机器人通信、编辑及执行工业机器人程序、认识工业机器人常用的程序指令及宏指令、工业机器人现场编程的典型应用案例。

　　本书可作为职业院校工业机器人等相关专业的教材，也可供工业机器人从业人员参考阅读。

图书在版编目(CIP)数据

　　工业机器人现场编程 / 项万明主编. —北京：人
民交通出版社股份有限公司, 2019.7
　　ISBN 978-7-114-15568-0

　　Ⅰ. ①工⋯　Ⅱ. ①项⋯　Ⅲ. ①工业机器人—程序设计
—教材　Ⅳ. ①TP242.2

　　中国版本图书馆 CIP 数据核字(2019)第 101767 号

书　　　名：工业机器人现场编程
著　作　者：项万明
责任编辑：李　良
责任校对：尹　静
责任印制：张　凯
出版发行：人民交通出版社股份有限公司
地　　　址：(100011)北京市朝阳区安定门外外馆斜街 3 号
网　　　址：http://www.ccpress.com.cn
销售电话：(010)59757973
总 经 销：人民交通出版社股份有限公司发行部
经　　　销：各地新华书店
印　　　刷：北京市密东印刷有限公司
开　　　本：787×1092　1/16
印　　　张：10.25
字　　　数：234 千
版　　　次：2019 年 7 月　第 1 版
印　　　次：2019 年 7 月　第 1 次印刷
书　　　号：ISBN 978-7-114-15568-0
定　　　价：26.00 元

前 言
PREFACE

目前,我国的工业化水平不断提升,工业机器人在工业领域内的应用范围越来越广泛,各企业对于工业机器人技术人才的需求不断增加。为了推进工业机器人专业的职业教育课程改革和教材建设进程,人民交通出版社股份有限公司特组织相关院校与企业专家共同编写了职业院校工业机器人专业规划教材,共计7本,以供职业院校教学使用。

本套教材在总结了众多职业院校工业机器人专业的培养方案与课程开设现状的基础上,根据《国家中长期教育改革和发展规划纲要(2010—2020年)》和《中国制造2025》的精神,注重以学生就业为导向,以培养能力为本位,教材内容符合工业机器人专业教学要求,适应相关智能制造类企业对技能型人才的要求。本套教材具有以下特色:

1. 本套教材注重实用性,体现先进性,保证科学性,突出实践性,贯穿可操作性,反映了工业机器人技术领域的新知识、新技术、新工艺和新标准,其工艺过程尽可能与实际工作情景一致。

2. 本套教材以理实一体化作为核心课程改革理念,教材理论内容浅显易懂,实操内容贴合生产一线,将知识传授、技能训练融为一体,体现"做中学、学中做"的职教思想。

3. 本套教材文字简洁,通俗易懂,以图代文,图文并茂,形象生动,容易培养学生的学习兴趣,提高学习效果。

4. 本套教材配套了立体化教学资源,对教学中重点、难点,以二维码等形式配备了数字资源。

《工业机器人现场编程》为本套教材之一,以FANUC工业机器人为研究对象,针对工业机器人认识与操作过程及现场编程等进行了详细的讲解,主要内容包括:认识工业机器人、手动操作工业机器人、设置工业机器人常用坐标系、建立工业机器人通信、编辑及执行工业机器人程序、认识工业机器人常用的程序指令及宏指令、工业机器人现场编程的典型应用案例。本课程建议学时为96学时,各教学项目学时分配建议如下:

项 目	任 务	建议学时
认识工业机器人	初识工业机器人系统	4
	初识工业机器人示教器	6
手动操作工业机器人	工业机器人安全注意事项	2
	手动操作工业机器人	8

项　　目	任　　务	建议学时
设置工业机器人常用坐标系	认识工业机器人坐标系	2
	设置工业机器人工具坐标系	8
建立工业机器人通信	认识工业机器人I/O信号	4
	建立工业机器人I/O通信	8
编辑及执行工业机器人程序	编辑工业机器人程序	4
	执行工业机器人程序	4
认识工业机器人常用的程序指令及宏指令	认识常用的工业机器人程序指令	12
	认识工业机器人宏指令	4
工业机器人现场编程的典型应用案例	工业机器人搬运单元的编程与操作	12
	工业机器人码垛单元的编程与操作	12
机动		6
合计		96

　　本书由杭州技师学院项万明担任主编、苏超担任副主编。参与本书编写的有杭州技师学院戚耀亮、王建敢、蒋晓杰、孙倩、苏超、项万明、董增勇、崔玉妍;参与本书编写的还有杭州志杭科技有限公司杨承遇、杭州永骏机床有限公司吴欢,他们从企业的实际需求出发,不但给予了很多有益的建议,还编写了部分项目,提升了教材质量。本书由杭州技师学院吴晓斌、陈益锋担任主审,他们认真审阅了全书,提出了许多宝贵的意见和建议。在编写过程中,编者还参考了很多资料,在此一并表示真挚的感谢。

　　由于编者水平、经验和掌握的资料有限,加之编写时间仓促,书中难免存在不妥或错误之处,请广大读者批评指正,提出宝贵意见。

编　者
2019 年 4 月

目 录
CONTENTS

项目一　认识工业机器人 ·· 1

　　任务一　初识工业机器人系统 ······································· 1

　　任务二　初识工业机器人示教器 ··································· 11

项目二　手动操作工业机器人 ·· 15

　　任务一　工业机器人安全注意事项 ································· 15

　　任务二　手动操作工业机器人 ····································· 17

项目三　设置工业机器人常用坐标系 ································ 22

　　任务一　认识工业机器人坐标系 ··································· 22

　　任务二　设置工业机器人工具坐标系 ······························ 25

　　任务三　设置工业机器人用户坐标系 ······························ 38

项目四　建立工业机器人通信 ·· 52

　　任务一　认识工业机器人 I/O 信号 ································· 52

　　任务二　建立工业机器人 I/O 通信 ································· 63

项目五　编辑及执行工业机器人程序 ································ 78

　　任务一　编辑工业机器人程序 ····································· 78

　　任务二　执行工业机器人程序 ····································· 87

项目六　认识工业机器人常用的程序指令及宏指令 ·················· 100

　　任务一　认识常用的工业机器人程序指令 ··························· 100

　　任务二　认识工业机器人宏指令 ··································· 130

项目七　工业机器人现场编程的典型应用案例 ······················ 136

　　任务一　工业机器人搬运单元的编程与操作 ························· 136

　　任务二　工业机器人码垛单元的编程与操作 ························· 138

参考文献 ·· 158

项目一 认识工业机器人

📖 学习目标

完成本项目学习后,你应能:

1. 熟悉国内外工业机器人的发展史;

2. 了解 FANUC 工业机器人常规型号和基本安装要求;

3. 了解 FANUC 工业机器人控制柜的内部结构;

4. 了解 FANUC 工业机器人本体结构;

5. 掌握 FANUC 工业机器人示教器的结构和功能。

任务一 初识工业机器人系统

一、工业机器人发展历程

机器人技术作为 20 世纪人类最伟大的发明之一,自问世以来,其发展已取得了长足进步。由于机器人能够协助人类完成单调、频繁和重复的长时间工作,并能取代人类从事危险、恶劣环境下的作业,因此其发展迅速。随着人们对机器人研究不断地深入,已逐步形成机器人学这一新兴的综合性科学,工业机器人已经成为现代工业自动化控制的三大支柱(工业机器人、PLC、CAD/CAM)之一。

机器人(Robot)这一术语是在 1921 年由捷克斯洛伐克著名剧作家、科幻文学家和童话寓言家卡雷尔·恰佩克(Karel Capek,1890—1938)首创,它成了"机器人"的起源,此后一直沿用至今。

20 世纪中叶,近代机器人开始迅猛发展。第一代是遥控操作的机器人,它不能离开人的控制独自运动。美国阿尔贡研究所 1947 年开发了遥控机器人,1948 年又开发了机械耦合的主从机械手,当操作员控制主机械手做运动时,从机械手可准确地模仿主机械手的动作。第二代是可编程机器人,1954 年美国人乔治·德沃尔(George Devol)制造出世界上第一台可编程机器人,机器人的机械手能根据不同的程序从事不同的动作,可以脱离人的控制,能独立进行操作。第三代是智能机器人,它能利用各种传感器、测量器自主感知环境信息,利用智能技术进行识别、理解、推理,自主运行完成工作任务。发明第一台机器人的正是享有"机器人之父"美誉的恩格尔伯格先生。恩格尔伯格是世界上最著名的机器人研究专家之一,1958 年他建立了 Unimation 公司,并于 1959 年研制出了世界上第一台工业机器人。1962 年美国 Unimation 公司的第一台机器人 Unimate 问世,它由计算机控制液压装置来驱动机械手运作,抓取物件进行压铸作业,计算机装有存储信息的磁鼓,能够记忆完成 180 个工作步骤,如图 1-1-1 所示为世界上第一台工业机器人。

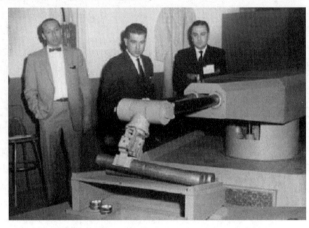

图 1-1-1　世界上第一台工业机器人

20 世纪 70 年代,随着计算机控制技术和人工智能的发展,机器人的研制水平得到了快速发展,机器人在工业生产中逐步推广应用。工业机器人延伸和扩大了人的手足和大脑功能,它可代替人从事危险、有害、有毒、低温和高温等恶劣环境作业;代替人完成繁重、单调的重复动作,提高劳动生产效率,同时保证产品质量。1974 年,Cincinnati　Milacron 公司推出第一台工业机器人"The Tomorrow Tool",它能举起 45kg 的物体,并能跟踪装配流水线上的移动物体。1975 年,IBM 公司研究出带有触觉和力觉的传感器,由计算机控制的机械手可以完成 20 个零件的打字机装配工作。1979 年,Unimation 公司研究出第一台通用型工业机器人 PUMA,标志着工业机器人应用日趋成熟。

20 世纪 80 年代,日本和西欧国家为了减缓劳动力严重短缺的社会问题,在工业领域,特别是在汽车和电器生产领域大量使用工业机器人,从而推进了机器人的研发。

我国于 1972 年开始研制自己的工业机器人,进入 20 世纪 80 年代后,在高技术浪潮的冲击下,随着改革开放不断深入,我国机器人技术的研发得到了政府的重视与支持。"七五"期间,国家投入资金,对工业机器人及其零部件进行攻关,完成了示教再现式工业机器人成套技术的开发,研制出了喷涂、点焊、弧焊和搬运机器人。1986 年,国家高技术研究发展计划(863 计划)开始实施,智能机器人研发跟踪世界机器人技术的前沿,经过几年的研究,获取了一大批科研成果,成功地研制出了一批特种机器人。我国 2014 年机器人销量大约为5.7 万台,2015 年机器人销量大约为 6.6 万台,约占全球市场总销量的 1/4,并连续 3 年成为全球第一大工业机器人市场。

2015 年 5 月国务院发布了《中国制造 2025》,明确提出把推进智能制造作为"中国制造2025"的主攻方向。新一代信息技术与制造业的深度融合,正在引发新一轮技术革命和产业变革,制造业数字化、网络化、智能化成为这次变革的核心。

二、工业机器人规格

1. 工业机器人常规型号种类及用途

（1）LR Mate 系列机器人如图 1-1-2 所示，表 1-1-1 为 LR Mate 系列机器人的规格。

a)LR Mate 100iC/200iC   b)LR Mate 200iD

图 1-1-2   LR Mate 系列机器人

LR Mate 系列机器人规格   表 1-1-1

型　号	轴　数	手部负重(kg)	用　途
LR Mate 100iC/200iC	5/6	5	拾取及包装、装配、材料加工、物流搬运、机床上下料、弧焊、点焊
LR Mate 200iD	6	7	

（2）M-1iA/M-2iA 系列机器人如图 1-1-3 所示，表 1-1-2 为 M-1iA/M-2iA 系列机器人的规格。

a)M-1iA/0.5A   b)M-2iA/3A

图 1-1-3   M-1iA/M-2iA 系列机器人

M-1iA/M-2iA 系列机器人规格   表 1-1-2

型　号	轴　数	手部负重(kg)	用　途
M-1iA/0.5A	6	0.5	装配、喷涂及涂装、机床上下料、物流搬运、拾取及包装
M-2iA/3A	6	3	

（3）M-710iC 系列机器人如图 1-1-4 所示，表 1-1-3 为 M-710iC 系列机器人的规格。

a)M-710iC/50　　　　　b)M-710iC/20L

图 1-1-4　M-710iC 系列机器人

M-710iC 系列机器人规格　　　　　　　　　　表 1-1-3

型　　号	轴　　数	手部负重（kg）	用　　途
M-710iC/50	6	50	弧焊、装配、喷涂及涂装、机床上下料、
M-710iC/20L	6	20	材料加工、物流搬运、拾取及包装、点焊

（4）M-10iA/M-20iA 系列机器人如图 1-1-5 所示，表 1-1-4 为 M-10iA/M-20iA 系列机器人的规格。

a)M-10iA/12　　　　　　　b)M-20iA/12L

图 1-1-5　M-10iA/M-20iA 系列机器人

M-10iA/M-20iA 系列机器人规格　　　　　　表 1-1-4

型　　号	轴　　数	手部负重（kg）	用　　途
M-10iA/12	6	12	装配、喷涂及涂装、机床上下料、材料
M-20iA/12L	6	12	加工、码垛、物流搬运、拾取及包装

（5）M-410/420iA/430iA 系列机器人如图 1-1-6 所示，表 1-1-5 为 M-410/420iA/430iA 系列机器人的规格。

a)M-410iB/450　　　　　b)M-420iA　　　　　　c)M-430iA/2F

图 1-1-6　M-410/420iA/430iA 系列机器人

M-10iA/M-20iA 系列机器人规格 表 1-1-5

型 号	轴 数	手部负重(kg)	用 途
M-410iB/450	6	450	物流搬运、码垛、拾取及包装、机床上下料、装配
M-420iA	2/4	40/50	
M-430iA/2F	6	2	

(6) M-900/M-2000iA 系列机器人如图 1-1-7 所示,表 1-1-6 为 M-900/M-2000iA 系列机器人的规格。

a) M-900iA/200P   b) M-2000iA/1200

图 1-1-7 M-900/M-2000iA 系列机器人

M-900/M-2000iA 系列机器人规格 表 1-1-6

型 号	轴 数	手部负重(kg)	用 途
M-900iA/200P	6	200	装配、喷涂及涂装、机床上下料、材料加工、码垛、物流搬运、拾取及包装、点焊
M-2000iA/1200	6	1200	装配、机床上下料、材料加工、物流搬运、拾取及包装

(7) R-1000iA/R-2000 系列机器人如图 1-1-8 所示,表 1-1-7 为 R-1000iA/R-2000 系列机器人的规格。

a) R-1000iA/100F   b) R-2000iB/100H

图 1-1-8 R-1000iA/R-2000 系列机器人

R-1000iA/R-2000 系列机器人规格 表 1-1-7

型 号	轴 数	手部负重(kg)	用 途
R-1000iA/100F	6	100	装配、喷涂及涂装、机床上下料、材料加工、码垛、物流搬运、拾取及包装、点焊
R-2000iB/100H	5	100	

（8）F-100iA/F-200iB 系列机器人，如图 1-1-9 所示，表 1-1-8 为 F-100iA/F-200iB 系列机器人的规格。

a)F-200iB　　　　　　　　　　b)F-100iA/104

图 1-1-9　F-100iA/F-200iB 系列机器人

F-100iA/F-200iB 系列机器人规格　　　　　　　　　表 1-1-8

型　　号	轴　　数	手部负重（kg）	用　　途
F-200iB	6	100	装配、喷涂及涂装、机床上下料、材料加工、物流搬运、点焊
F-100iA/104	3/6	75	

（9）R-0iB 系列机器人与 Paints Mate 200iA/5L 系列机器人分别如图 1-1-10 和图 1-1-11 所示，表 1-1-9 为 R-0iB 系列机器人的规格，表 1-1-10 为 Paints Mate 200iA/5L 系列机器人的规格。

图 1-1-10　R-0iB 系列机器人　　　图 1-1-11　Paint Mate 200iA/5L 系列机器人

R-0iB 系列机器人规格　　　　　　　　　　　　　表 1-1-9

型　　号	轴　　数	手部负重（kg）	用　　途
R-0iB	6	3	弧焊、搬运

Paints Mate 200iA/5L 系列机器人规格　　　　　　　表 1-1-10

型　　号	轴　　数	手部负重（kg）	用　　途
Paint Mate 200iA/5L	6	5	喷涂、涂装

2. 机器人选择及安装基本要求

（1）机器人安装环境：①环境温度：0 ~ 45℃；②环境湿度：普通：≤75% RH（无露水、霜冻），短时间：95%（一个月之内），不应有结露现象；③震动：≤0.5g（4.9m/s²）。

（2）机器人选型要素：①手部负重；②运动轴数；③2,3 轴负重；④运动范围；⑤安装方式；⑥重复定位精度；⑦最大运动速度。

（3）机器人系统软件：①Handling Tool 用于搬运；②Arc Tool 用于弧焊；③Spot Tool 用于

点焊;④Sealing Tool 用于布胶;⑤Paint Tool 用于油漆;⑥Laser Tool 用于激光焊接和切割。如图 1-1-12 所示的系统软件为搬运系统。

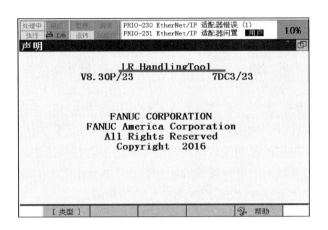

图 1-1-12 搬运系统

3. 机器人控制柜

(1)控制柜的组成:控制柜是工业机器人的控制单元,是由示教器(Teach Pendant)、操作面板及其电路板(Operate Panel)、主板(Main Board)、主板蓄电池(Main Board Battery)、I/O板(I/O Board)、电源供给单元(PSU)、紧急停止单元(E-Stop Unit)、伺服放大器(Servo Amplifier)、变压器(Transformer)、风扇单元(Fan Unit)、线路断开器(Breaker)、再生电阻(Regenerative Resistor)等组成,如图 1-1-13 所示。

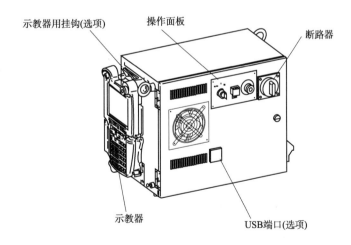

图 1-1-13 控制柜外观

①主板:主板上安装着两个微处理器、外围线路、存储器以及操作面板控制线路。主CPU 控制着伺服机构的定位和伺服放大器的电压。

②主板蓄电池:在控制器电源关闭之后,蓄电池维持主板存储器状态不变。

③I/O 板:FANUC 输入/输出单元,使用该部件后,可以选择多种不同的输入/输出类型。这些输入/输出连接到 FANUC 输入/输出连接器。

④紧急停止单元:该单元控制着两个设备的紧急停止系统,即磁电流接触器和伺服放大器预加压器,达到控制可靠的紧急停止性能标准。

⑤电源供给单元:电源供给单元将 AC 电源转换成不同大小的 DC 电源。

⑥示教盒:包括机器人编程在内的所有操作都能由该设备完成。控制器状态和数据都显示在示教盒的液晶显示器(LCD)上。

⑦伺服放大器:伺服放大器控制着伺服电动机的电源、脉冲编码器、制动控制、超行程以及手制动。

⑧操作面板和操作盒:操作面板及操作盒上的按钮盒二级管用来启动机器人,以及显示机器人状态。面板上有一个串行接口的端口,供外部设备连接,另外还有一个连接存储卡的接口,用来备份数据。操作面板和操作盒还控制着紧急停止控制线路。

⑨变压器:变压器将输入的电压转换成控制器所需的 AC 电压。

⑩风扇单元,热交换器:这些设备为控制单元内部降温。

⑪线路断开器:如果控制器内的电子系统故障,或者非正常输入电源造成系统内的高电流,则输入电源连接到线路断开器,以保护设备。

⑫再生电阻器:为了释放伺服电动机的逆向电场强度,在伺服放大器上接一个再生电阻器。

(2)机器人控制柜的种类。机器人控制柜的种类如图 1-1-14 ~ 图 1-1-16 所示。

图 1-1-14　A 柜　　　　　图 1-1-15　B 柜　　　　　图 1-1-16　Mate 柜

(3)R-30iB Mate 控制柜介绍。R-30iB Mate 控制柜的操作面板如图 1-1-17 和图 1-1-18 所示。

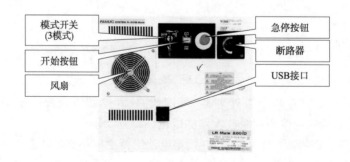

图 1-1-17　控制柜操作面板(外)

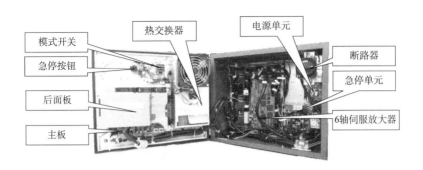

图 1-1-18　控制柜操作面板(内)

三、工业机器人本体结构

工业机器人是由通过伺服电动机驱动的轴和手腕构成的机构部件。手腕又称手臂,手腕的接合部位叫作轴杆或关节,最初的 3 轴(J1、J2、J3)叫作基本轴。机器人的基本构成即该基本轴分别由几个直动轴和旋转轴构成而确定。机器人运动,由手腕轴对安装在凸缘盘上的末端执行器(工具)进行操作。

①第一轴旋转(J1),如图 1-1-19 所示。

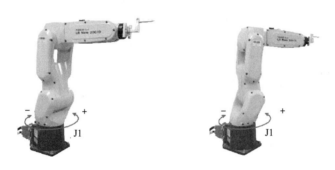

图 1-1-19　第一轴旋转

②第二轴旋转(J2),如图 1-1-20 所示。

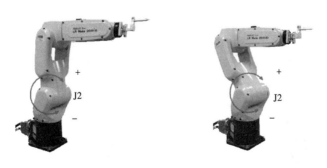

图 1-1-20　第二轴旋转

③第三轴旋转（J3），如图1-1-21所示。

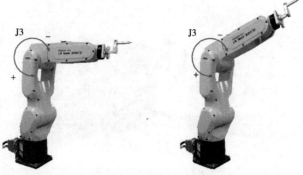

图1-1-21　第三轴旋转

④第四轴旋转（J4），如图1-1-22所示。

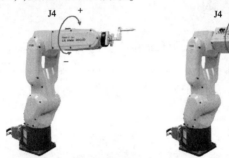

图1-1-22　第四轴旋转

⑤第五轴旋转（J5），如图1-1-23所示。

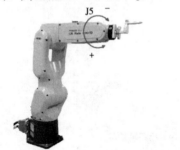

图1-1-23　第五轴旋转

⑥第六轴旋转（J6），如图1-1-24所示。

图1-1-24　第六轴旋转

任务二 初识工业机器人示教器

一、工业机器人示教器外观

工业机器人示教器外观如图 1-2-1 所示。

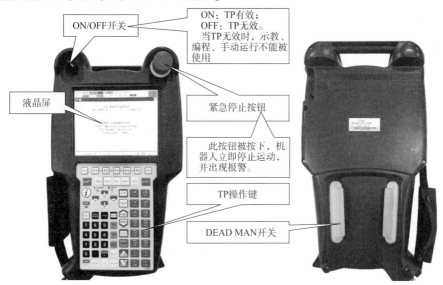

图 1-2-1 示教器外观

二、工业机器人示教器按键

工业机器人示教器 TP 操作键如图 1-2-2 所示。

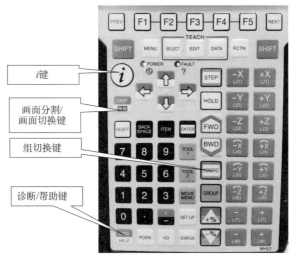

图 1-2-2 TP 操作键

与菜单、应用、点动、执行相关的键控开关功能分别见表1-2-1～表1-2-4。

与菜单相关的键控开关 表1-2-1

按　　键	功　　能
[F1] [F2] [F3] [F4] [F5]	功能【F】键，用来选择画面最下行的功能键菜单
[NEXT]	【NEXT】下一页键，将功能键菜单切换到下一页
[MENU] [FCTN]	【MENU】(菜单)键，显示菜单画面； 【FCTN】(辅助)键，显示辅助菜单画面
[SELECT] [EDIT] [DATA]	【SELECT】(一览)键，显示程序一览画面； 【EDIT】(编辑)键，显示程序编辑画面； 【DATA】(数据)键，显示数据画面
[TOOL 1] [TOOL 2]	【TOOL1】(工具1)键和【TOOL2】(工具2)键，显示工具1和工具2画面
[MOVE MENU]	【MOVE MENU】键，显示预定位置返回画面
[SET UP]	【SETUP】(设定)键，显示设定画面
[STATUS]	【STATUS】(状态显示)键，显示状态画面
[I/O]	【I/O】(输入/输出)键，显示I/O画面
[POSN]	【POSN】(位置显示)键，显示当前位置画面
[DISP]	单独按下的情况下，移动操作对象画面； 在与【SHIFT】键同时按下的情况下，分割屏幕(单屏、双屏、三屏、状态/单屏)
[DIAG HELP]	单独按下的情况下，移动到提示画面； 在与【SHIFT】键同时按下的情况下，移动到报警画面
[GROUP]	单独按下时，按照 G1→G1S→G2→G2S→G3→⋯→G1→⋯的顺序，依次切换组、副组； 按住【GROUP】(组切换)键的同时，按住希望变更的组号码的数字键，即可变更为该组，此外在按住【GROUP】键的同时按下 0，就可以进行副组的切换

与应用相关的键控开关 表1-2-2

按　　键	功　　能
[SHIFT]	【SHIFT】键，与其他按键同时按下时，可以进行点动进给、位置数据的示教、程序的启动。 左右【SHIFT】键功能相同
+X(J1) +Y(J2) +Z(J3) ⌒X(J4) ⌒Y(J5) ⌒Z(J6) -X(J1) -Y(J2) -Z(J3) ⌒X(J4) ⌒Y(J5) ⌒Z(J6) +(J7) -(J8) +(J7) +(J8)	点动键，与【SHIFT】键同时按下而使用于点动进给。 【J7】、【J8】键用于同一群组内的附加轴的点动进给。但是，5轴机器人和4轴机器人等不到6轴的机器人的情况下，从空闲中的按键起依次使用。 例：5轴机器人上，将【J6】、【J7】、【J8】键用于附加轴的点动进给

续上表

按　键	功　能
COORD	【COORD】(手动进给坐标系)键,用来切换手动进给坐标系(点动的种类)。 依次进行如下切换:"关节"→"手动"→"世界"→"工具"→"用户"→"关节",当同时按下此键与【SHIFT】时,出现用来进行坐标系切换的点动菜单
-% +%	倍率键用来进行速度倍率的变更。 依次进行如下切换:"微速"→"低速"→"1%"→"5%"→"50%"→"100%"(5%以下时以1%为刻度切换,5%以上时以5%为刻度切换)

与点动相关的键控开关　　　　　　　　　　　　　　表1-2-3

按　键	功　能
FWD BWD	【FWD】(前进)键、【BWD】(后退)键+【SHIFT】键用于程序的启动。程序执行中松开【SHIFT】键时,程序执行暂停
HOLD	【HOLD】(保持)键,用来中断程序的执行
STEP	【STEP】(断续)键,用于测试运行时的断续运行和连续运行的切换

与执行相关的键控开关　　　　　　　　　　　　　　表1-2-4

按　键	功　能
PREV	【PREV】(返回)键,用于使画面返回到之前进行的状态。根据操作,有的情况下不会回到之前画面
ENTER	【ENTER】(输入)键,用于数字的输入和菜单的确认
BACK SPACE	【BACK SPACE】(取消)键,用来删除光标位置之前一个字符或数字
光标键	光标键,用来移动光标
ITEM	【ITEM】(项目选择)键,用于输入行号后移动光标

其他键控开关见表1-2-5。

其 他 键 控 开 关   表 1-2-5

按　键	功　能
（i）	在状态窗口上显示闪烁的图标(通知图标)时按下 *i* 键,显示通知画面。或者,在与如下键同时按下时使用,通过同时按下 *i* 键,将会提高画面成为图形显示等基于按键的操作 【MENU】(菜单) 【FCTN】(辅助) 【EDIT】(编辑) 【DATA】(数据) 【POSN】(位置显示) 【JOG】(点动) 【DISP】(画面切换)

项 目 小 结

通过本项目的学习,让学生们了解工业机器人的发展历程,激发学生们的学习兴趣,使学生认识并掌握 FANUC 工业机器人的主要规格及其本体结构,掌握 FANUC 工业机器人示教器的结构和功能,并能进行实际操作。

思 考 题

1. 简述 FANUC 工业机器人的主要规格及作用。
2. 查询资料,简述 FANUC 工业机器人各型号控制柜的区别及各控制柜的优点。

项目二　手动操作工业机器人

学习目标

完成本项目学习后,你应能:

1. 熟悉工业机器人的安全操作;
2. 能完成工业机器人的启动和关机;
3. 能手动操作工业机器人运行;
4. 理解机器人的运动模式。

任务一　工业机器人安全注意事项

一、操作工业机器人注意事项

(1)FANUC 机器人所有者、操作者必须对自己的安全负责。FANUC 不对机器人使用的安全问题负责。FANUC 提醒用户在使用 FANUC 机器人时必须使用安全设备,必须遵守安全条款。

(2)运用机器人系统的各使用者,应通过 FANUC 公司主办的培训课程接受培训。

(3)在设备运转之中,即使看上去机器人已经停止动作,也有可能是因为机器人在等待启动信号而处在即将动作的状态。在这样的状态下,也应该将机器人视为正在动作中。为了确保使用者的安全,应当能够以警报灯的显示或者警报响声等来切实告知(使用者)机器人为动作的状态。

(4)应尽可能将外围设备设置在机器人的动作范围之外。

(5)应在地板上画上线条等来标清机器人的动作范围,让使用者了解机器人包含握持工具(机械手、工具等)时的动作范围。如图 2-1-1 所示,将握持工具装到机器人上,调整机器人最大动作距离,以此安全距离设置正方形警戒线。

(6)在进行外围设备的个别调试时,务必断开机器人的电源后再执行。

(7)在使用操作面板和示教器时,由于戴上手套操作有可能出现操作上的失误,因此,务必在摘下手套后再进行作业。

(8)程序和系统变量等的信息,可以保存到存储卡等存储介质中。为了预防由于意想不到的事故而引起数据丢失的情形,建议用户定期保存数据。

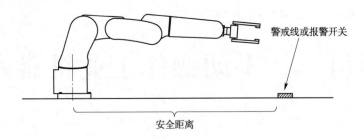

图 2-1-1　设置警戒线

（9）搬运或安装机器人时，务必按照 FANUC 公司所示的方法正确地进行。如果以错误的方法进行作业，则有可能由于机器人的翻倒而导致使用者受重伤。

（10）在安装好以后首次使用机器人操作时，务必以低速进行，然后逐渐地加快速度，并确认是否有异常。

（11）在使用机器人操作时，务必在确认安全栅栏内没有人员后再进行操作。同时，检查是否存在潜在的危险，当确认存在潜在危险时，务必排除危险之后再进行操作。

（12）不要在下面所示的情形下使用机器人，否则不仅会给机器人和外围设备造成不良影响，而且还可能导致使用者受重伤。

①在有可燃性的环境下；

②在有爆炸性的环境下；

③存在大量辐射的环境下；

④在水中或高湿度环境下；

⑤以运输人或动物为目的的使用方法；

⑥作为脚搭子使用（爬到机器人上面，或悬垂于其下）；

⑦其他。

二、编程注意事项

（1）在进行示教作业之前，应确认机器人或者外围设备没有处在危险的状态且没有异常。

（2）在迫不得已的情况下需要进入机器人的动作范围内进行示教作业时，应事先确认安全装置（如急停按钮、示教器的安全开关等）的位置和状态等。

（3）程序员应特别注意，勿使其他人员进入机器人的动作范围。

（4）编程时应尽可能在安全栅栏的外边进行，因不得已情形而需要在安全栅栏内进行时，应注意下列事项。

①仔细察看安全栅栏内的情况，确认没有危险后再进入栅栏内部。

②要做到随时都可以按下急停按钮。

③应以低速运行机器人。

④应在确认清楚整个系统的状态后进行作业，以避免由于针对外围设备的遥控指令和动作等而导致使用者陷入危险境地。

（5）从控制柜/操作面板使机器人启动时，应在充分确认机器人的动作范围内没有人且没有异常后再执行。

（6）在编程结束后，请务必按照下列步骤测试运转。

①在低速下，以单步模式执行至少一个循环。

②在低速下，以连续运转模式执行至少一个循环。

③在中速下，以连续运转模式执行一个循环，确认没有发生由于时滞等引起的异常。

④在运转速度下，以连续运转模式执行一个循环，确认可以顺畅地进行自动运行。

⑤通过上面的测试运转确认程序没有差错，然后在自动运行下执行程序。

（7）在自动运转时，务必撤离到安全栅栏外。

（8）在不需要操作机器人时，应断开机器人控制装置的电源，或者按下急停按钮的状态下进行作业。

任务二　手动操作工业机器人

一、工业机器人启动方法

FANUC 机器人控制装置有 4 种启动方法（开机方式）。

1. 初始化启动

执行初始化启动时，会删除所有程序，所有设定返回标准值。初始化启动完成后，自动执行控制启动。

2. 控制启动

执行控制启动时，控制启动菜单这一简易系统启动。虽然不能通过控制启动来进行机器人的操作，但是可以进行通常无法更改的系统变量的更改、系统文件的读出、机器人的设定等操作。

可以从控制启动菜单的辅助菜单执行冷启动。

3. 冷启动

冷启动是在停电处理无效时，执行通常的通电操作使用的一种启动方式。程序的执行状态成为"结束"状态，输出信号全部断开。冷启动完成时，可以进行机器人的操作。

即使在停电处理有效的时候，也可以通过通电时的操作来执行冷启动。

4. 热启动

热启动是在停电处理有效时，执行通常的通电操作所使用的一种启动方式。程序的执行状态以及输出型号，保持电源切断时的状态而启动。热启动完成时，可以进行机器人的操作。

注：初始化启动和控制启动，在维修时使用，日常运转中不使用这些方式。日常作业中，使用冷启动或热启动，使用哪一方，按停电处理有效/无效而定。在【MENU】（菜单）—【SYSTEM】（系统）—【Variables】（变量）中设置，变量为：$SEMIPOWERFL TRUE/FALSE。

[名称]热启动的有效/无效；

[含义]通过热启动，在通电时，使切断电源之前的状态恢复到某种程度的状态；

TRUE 通电时执行热启动；

FALSE 不执行热启动，执行冷启动。

二、工业机器人启动步骤、关机步骤

1. 启动步骤

插上电源插头后，首先打开总开关，然后启动机器人和外围设备。

机器人开关位于控制柜上，如图 2-2-1 所示。

图 2-2-1　机器人开机

当旋钮置于 OFF 位置时，机器人处于关机状态，将旋钮顺时针旋转至 ON 位置时，机器人开机（如将旋钮逆时针向 OPEN 方向旋转，则会打开控制柜柜门）。

等待示教器进入界面，机器人启动完成。

2. 关机步骤

机器人移动回原点，将控制柜上的旋钮逆时针方向旋转至 OFF，机器人关机（图2-2-2）。将外围设备全部关机后，断开总电源。

图 2-2-2　机器人关机

三、工业机器人运行模式

1.手动模式下点动工业机器人

(1)将控制柜上的模式开关置于 T1(手动慢速模式)或 T2(手动全速模式),如图 2-2-3 所示。

注:手动操作时,一般选择 T1(手动慢速模式)。

(2)将示教器上的 ON/OFF 开关置于 ON,如图 2-2-4 所示(ON:TP 有效;OFF:TP 无效。当 TP 无效时,示教、编程、手动运行不能被使用)。

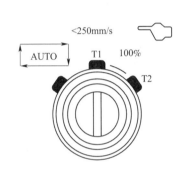

图 2-2-3　模式开关置于 T1 状态　　　　图 2-2-4　ON/OFF 开关

(3)单击示教器上的【COORD】键,选择需要的坐标系。其中【JOINT】(关节坐标)可使工业机器人的 6 个轴 J1、J2、J3、J4、J5、J6 进行旋转;对于【JGFRM】(手动坐标)、【WORLD】(世界坐标)、【USER】(用户坐标),在用户自定义坐标系前,这 3 种坐标位置与方向完全重合;【TOOL】(工具坐标)为工业机器人的工具坐标系。

(4)握住示教器,按下【DEAD MAN】(使能键)。

(5)按住【SHIFT】后按下【RESET】清除报警。

(6)按住【SHIFT】后按住任意一个运动键,如图 2-2-5 所示,机器人就会做出相应的动作。

2.自动模式下运行工业机器人

1)自动运行方式 1:RSR

机器人需要信号(RSR1~RSR8)选择和开始程序。

特点:

(1)当一个程序正在执行或中断,被选择的程序处于等待状态,一旦原先的程序停止,就开始运行被选择的程序。

(2)只能选择 8 个程序。

2)自动运行方式 2:PNS

根据程序号码选择信号(PNS1~PNS8 和 PNSTROBE)选择一个程序。

特点:

(1)当一个程序被中断或执行,这些信号被忽略。

（2）自动开始操作信号（PROD_START）开始从第一行执行一个被选择的程序，当一个程序被中断或执行，这个信号不被接受。

（3）可以选择 255 个程序。

自动模式运行程序见项目五任务二。

图 2-2-5　点动工业机器人

四、工业机器人动作模式

1. 关节动作（JOINT 手动关节）

关节动作使各自的轴沿着关节坐标系独立运行，如图 2-2-6 所示。

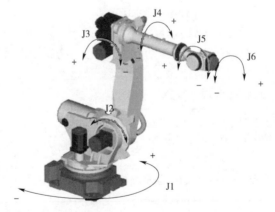

图 2-2-6　关节动作模式

2. 线性动作（X、Y、Z 手动直角）

线性动作使机器人的工具点沿着用户坐标系或者手动坐标系的 X、Y、Z 轴运动。此外，还可使机器人的工具绕着世界坐标系旋转，或者绕着用户坐标系或手动坐标系的 X、Y、Z 轴旋转，如图 2-2-7 所示。

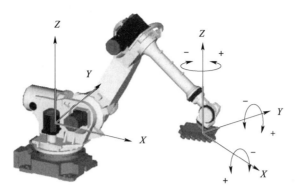

图 2-2-7　线性动作模式

3. 回转动作(TOOL 手动工具)

回转动作使工具中心点沿着机器人的手腕部分中所定义工具坐标系的 X、Y、Z 轴运动。此外,手动工具还使工具围绕工具坐标系的 X、Y、Z 轴回转,如图 2-2-8 所示。

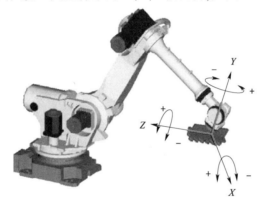

图 2-2-8　回转动作模式

项 目 小 结

本项目涉及的知识主要有工业机器人安全操作注意事项、启动和关机、运行模式、动作模式等。并分为两个任务进行学习,分别是熟识工业机器人安全注意事项和手动操作工业机器人,最终要求学生达到会安全规范地手动操作工业机器人。

思 考 题

1. 简述安全操作工业机器人需要完成哪些步骤。
2. 设置工业机器人为手动模式并完成机器人的点动动作。

项目三 设置工业机器人常用坐标系

完成本项目学习后,你应能:

1. 叙述机器人的常用坐标系的名称、特点及应用场合;
2. 会工具坐标系三点法、六点法的设置;
3. 会工具坐标系直接输入法的设置;
4. 会工具坐标系的激活及检验方法;
5. 会坐标系三点法、四点法的设置;
6. 会用户坐标系直接输入法的设置;
7. 会用户坐标系的激活及检验。

任务一 认识工业机器人坐标系

为了说明与控制机器人在空间的运动情况,例如位置、运动的方向及速度等,必须为其选定一个参照系,也就是坐标系统,机器人在坐标系中的位置数据,称为坐标。同一个位置,在不同的坐标系中,其坐标值是不同的。

目前,FUANC 工业机器人可使用关节坐标系、手动坐标系、世界坐标系、工具坐标系和用户坐标系。其中手动坐标系、世界坐标系、工具坐标系和用户坐标系均属直角坐标系。

一、工业机器人关节坐标系

关节坐标系是设定在工业机器人关节中的坐标系,用来描述机器人每个独立关节的运动,对于六轴串联型机械臂,关节类型均为转动关节。在关节坐标系下,机器人各关节均可实现单独正向或反向运动。对大范围运动,且不要求工具中心点(TCP)姿态的,可选择关节坐标系。

关节坐标系中工业机器人的位置和姿态,以各关节底座侧的关节坐标系为基准而确定。如图 3-1-1 所示,机器人的姿态可用关节坐标系表示:J1:0°,J2:0°,J3:0°,J4:0°,J5:0°,J6:0°。人们会规定机器人在关节坐标系下的零点位置,如零点位置丢失,则需进行零点校正。在零点校正时,机器人只能在关节坐标系下单关节运动。

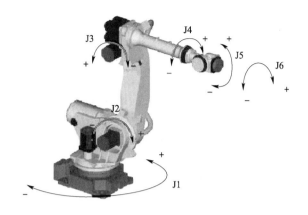

图 3-1-1 机器人的关节坐标系

二、工业机器人直角坐标系

工业机器人中的直角坐标系也叫笛卡尔坐标系,直角坐标系中各轴正方向的关系可用右手判定。工业机器人的位置和姿态,通过将新直角坐标系原点相对默认直角坐标系原点的偏移值设为坐标值 X、Y、Z,将新直角坐标系相对原坐标系 X 轴、Y 轴、Z 轴的旋转角度设为回转角 W、P、R。

工业机器人中直角坐标系常用有世界坐标系(World Coordinate System)、工具坐标系(Tool Coordinate System)和用户坐标系(User Coordinate System)。

1. 世界坐标系

世界坐标系又称为大地坐标系,是以大地作为参考平面。在实际应用中通常与机器人的基准坐标系重合,以底盘为参考平面,当机器人回归零点,观察者面向机器人站在其正前方,垂直向上的方向为 Z 轴正方向,水平向右的方向为 Y 轴正方向,从机器人指向观察者的方向为 X 轴正方向,如图 3-1-2 所示。

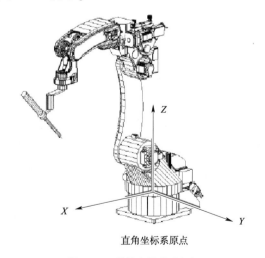

直角坐标系原点

图 3-1-2 世界坐标系正方向

2. 用户坐标系

机器人可以和不同的工作台或夹具配合工作,在每个工作台上建立一个用户坐标系。机器人大部分采用示教编程的方式,步骤烦琐,对于相同工件,若放置在不同工作台进行操作,不必重新编程,只需相应地变换到当前用户坐标系下。对于工作台平面与世界坐标平面不平行的,设置用户坐标系平面平行于工作台平面将大大方便编程,如图 3-1-3 所示。

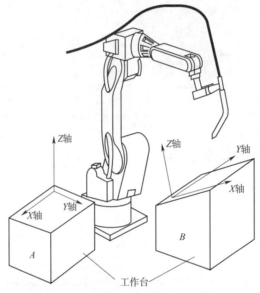

图 3-1-3 用户坐标系在不同工作面上的坐标

默认的用户坐标系 User0 与世界坐标系重合。新的用户坐标系都是基于默认的用户坐标系变化得到的。

3. 工具坐标系

工具坐标系用来定义工具中心点(TCP)的位置。安装在末端凸缘盘上的工具需要在其中心点(TCP)定义一个工具坐标系,通过坐标系的转换,可以操作机器人在工具坐标系下运动,以方便操作。如果工具磨损或更换,只需重新定义工具坐标系,而不用更改程序,如图 3-1-4所示。

图 3-1-4 机器人更换不同的工具

通常我们所说的机器人轨迹及速度,其实就是指 TCP 点的轨迹和速度。TCP 一般设置在手爪的中心、焊丝端部、点焊静臂前端等。

默认的工具坐标系是将凸缘盘中心定义为工具坐标系的原点,凸缘盘中心指向凸缘盘定位孔方向定义为 X 轴正方向,垂直凸缘盘向外的方向定义为 Z 轴正方向。新的工具坐标系都是相对默认的工具坐标系变化得到的。

任务二　设置工业机器人工具坐标系

工具坐标系需要在编程前先进行设定。如果未定义工具坐标系,将使用默认工具坐标系。FANUC 机器人用户最多可以设置 10 个工具坐标系,它被存储于系统变量 $ MNUTOOL-NUM 中。一般一个工具对应一个工具坐标系,设置方法有:三点法、六点法、直接输入法。

一、应用三点法设置工具坐标系

所谓三点法设置,就是通过给定 TCP 3 个位置信息,机器人通过系统的变换和计算,形成新的 TCP 和默认工具坐标系的固定关系,主要用于工具坐标系的平移。

设定工具中心点,即工具坐标系的 X、Y、Z 的原点,需进行示教,如图 3-2-1 所示,使参考点 1、2、3 以不同的姿势指向 1 点,由此,机器人自动计算 TCP 的位置。要使设定正确,必须尽量使 3 个趋近方向各不相同。三点法示教中,只可设定工具中心点(X,Y,Z),工具姿势(W,P,R)仍为标准值$(0,0,0)$。即三点法只是平移了整个工具坐标系,并不改变其方向。如要改变姿态,可在设定完后,以六点法或直接输入法来定义刀具姿态。

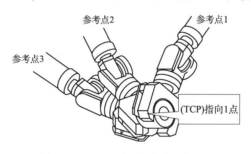

图 3-2-1　通过三点示教自动设定 TCP

具体操作步骤如下。

(1)依次按键操作:【MENU】(菜单)-【设定】(SET UP),光标右移选择【坐标系】(Frames),进入坐标系设置画面,如图 3-2-2 所示。

(2)按 F3【坐标】(OTHER)选择【工具坐标系】(Tool Frame)进入工具坐标系的设置画面,如图 3-2-3 所示。

(3)移动光标到所需设置的工具坐标系,按键 F2【详细】(DETAIL)进入详细界面,如图 3-2-4 所示。

(4)按 F2【方法】(METHOD),如图 3-2-4 所示,移动光标,选择所用的设置方法 【三点法】(Three point),按【ENTER】(回车) 确认,进入图 3-2-5 所示三点法设置画面。

(5)记录接近点 1:

①移动光标到"接近点 1"(Approach point 1);

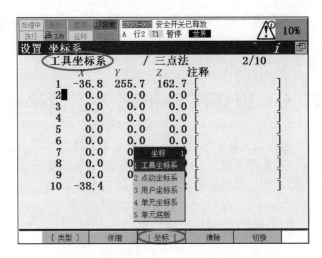

图 3-2-2　工具坐标系画面(1)

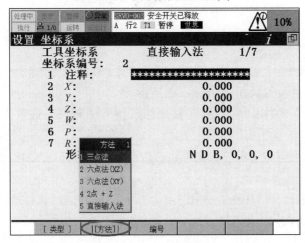

图 3-2-3　工具坐标系设置画面(1)

图 3-2-4　工具坐标系设置详细界面(1)

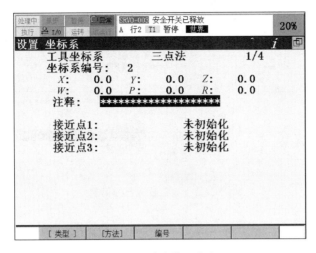

图 3-2-5 三点法设置画面(1)

②把示教坐标切换成世界坐标(WORLD);

③按【SHIFT】+ 运动键,移动机器人,使工具尖端接触到基准点,如图 3-2-6 所示;

④按【SHIFT】+ F5【记录】(RECORD)记录;

⑤此时,"未初始化"(UNINIT)转为"已记录"(USED),如图 3-2-7 所示。

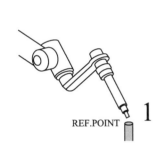

图 3-2-6 第一个参考姿势接近
REF. POINT

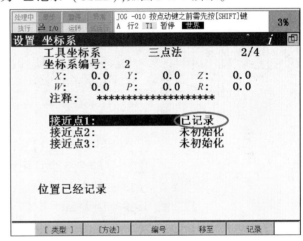

图 3-2-7 三点法设置画面(2)

(6)记录接近点 2:关节(JOINT)坐标系下改变姿势,在世界(WORLD)坐标系下接近 REF. POINT 点。

①沿世界坐标(WORLD)+ Z 方向移动机器人 50mm 左右;

②移动光标到"接近点 2"(Approach point 2);

③把示教坐标切换成关节坐标(JOINT),旋转 J6 轴(凸缘轴)至少 90°,不要超过 180°;

④把示教坐标切换成世界坐标(WORLD)后移动机器人,使工具尖端接触到基准点,如图 3-2-8 所示;

⑤按【SHIFT】+ F5【记录】(RECORD)记录;

⑥此时,"未初始化"(UNINIT)转为"已记录"(USED),如图 3-2-9 所示。

图 3-2-8　第二个参考姿势接近 REF. POINT 点

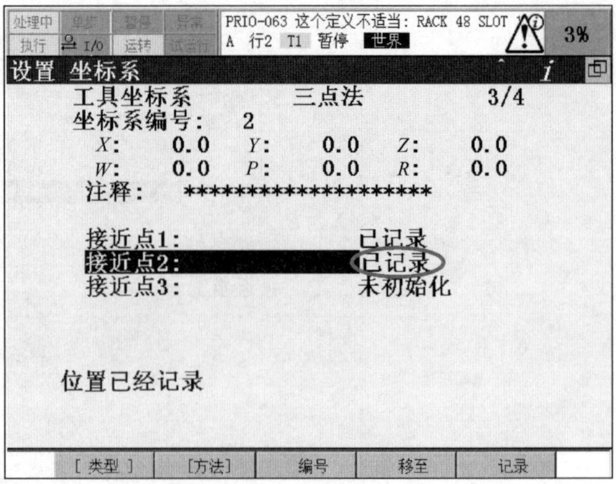

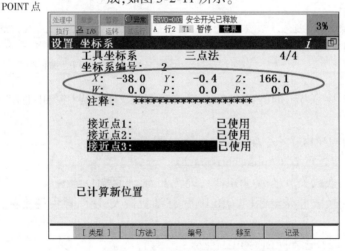

图 3-2-9　三点法设置画面(3)

（7）记录接近点 3：关节（JOINT）坐标系下改变姿势，在世界（WORLD）坐标系下接近 REF. POINT 点。

①沿世界坐标（WORLD）+Z 方向移动机器人 50mm 左右；

②移动光标到"接近点 3"（Approach point 3）；

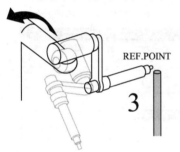

图 3-2-10　第三个姿态接近 REF. POINT 点

③把示教坐标切换成关节坐标（JOINT）；

④旋转 J4 轴，不要超过 90°；

⑤旋转 J5 轴，不要超过 90°；

⑥把示教坐标切换成世界坐标（WORLD）；

⑦移动机器人，使工具尖端接触到基准点，如图 3-2-10 所示；

⑧按【SHIFT】+ F5【记录】（RECORD）记录。

（8）当 3 个点记录完成，新的工具坐标系被自动计算生成，如图 3-2-11 所示。

图 3-2-11　设置好工具坐标系参数画面

X,Y,Z 中的数据代表当前设置的 TCP 点相对于 J6 轴凸缘盘中心的偏移量；

W,P,R 的值为 0，即三点法只是平移了整个工具(TOOL)坐标系，并不改变其方向。

二、应用六点法设置工具坐标系

六点法与三点法一样地设定工具中心点，然后设定刀具姿势(W,P,R)，在进行示教时，使 W、P、R 分别成为空间上的任意 1 点、平行于刀具 X 轴方向的 1 点，XZ 平面上的 1 点，如图 3-2-12 所示。

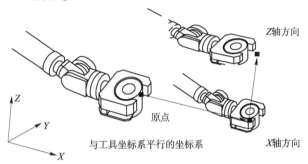

图 3-2-12　六点法设置计算 W,P,R 值三点取法

具体操作步骤如下：

(1)依次按键操作：【MENU】(菜单)—【设定】(SET UP)，光标右移选择【坐标系】(Frames)，进入坐标系设置画面，如图 3-2-13 所示。

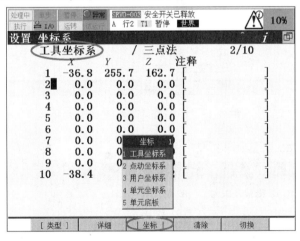

图 3-2-13　工具坐标系画面(2)

(2)按 F3【坐标】(OTHER)选择【工具坐标系】(Tool Frame)进入工具坐标系的设置画面，如图 3-2-14 所示。

(3)移动光标到所需设置的工具坐标系，按键 F2【详细】(DETAIL)进入详细界面，如图 3-2-15 所示。

(4)按 F2【方法】(METHOD)选择所用的设置方法【六点法(XZ)】[Six point(XZ)]，进入如图 3-2-16 所示画面。

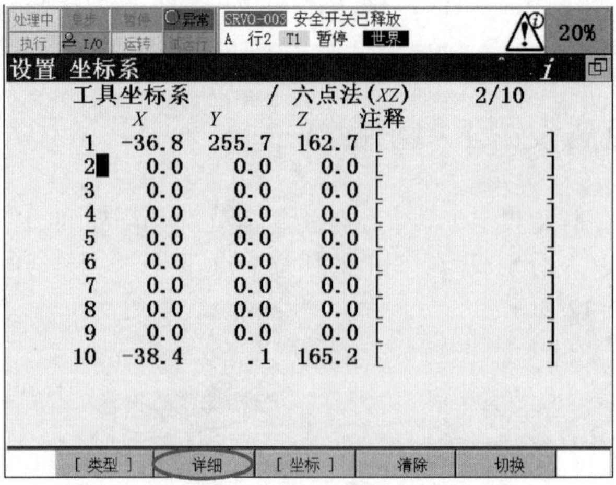

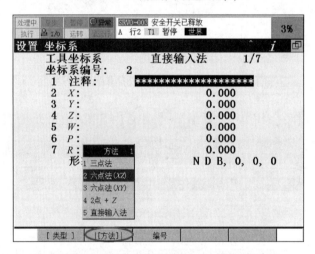

图 3-2-14　工具坐标系设置画面(2)

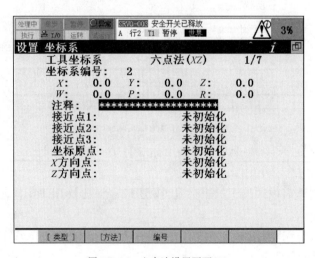

图 3-2-15　工具坐标系设置详细画面(2)

图 3-2-16　六点法设置画面(1)

注意：记录工具坐标的 X 和 Z 方向点时，可以通过将所要设定工具坐标的 X 和 Z 轴平行于全局坐标（WORLD）轴的方向，使操作简单化。

（5）记录接近点 1（Approach point 1）：

①移动光标到"接近点 1"（Approach point 1）；

②把示教坐标切换成世界坐标（WORLD）后移动机器人，使工具尖端接触到基准点，并使工具轴平行于世界坐标（WORLD），如图 3-2-17 所示；

③按【SHIFT】+F5【记录】（RECORD）记录；

④此时，"未初始化"（UNINIT）转为"已记录"（USED），如图 3-2-18 所示。

图 3-2-17 接近点 1 和方向原点示教

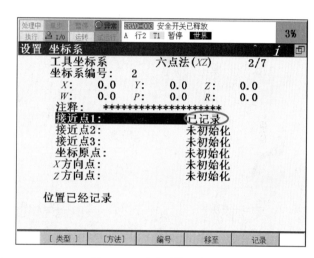

图 3-2-18 六点法设置画面（2）

（6）记录接近点 2：

①沿世界坐标（WORLD）+Z 方向移动机器人 50mm 左右；

②移动光标到"接近点 2"（Approach point 2）；

③把示教坐标切换成关节坐标（JOINT），旋转 J6 轴（凸缘轴）至少 90°，不要超过 180°；

④把示教坐标切换成世界坐标（WORLD）后移动机器人，使工具尖端接触到准点，如图 3-2-19 所示；

⑤按【SHIFT】+F5【记录】（RECORD）记录；

⑥此时，"未初始化"（UNINIT）转为"已记录"（USED），如图 3-2-20 所示。

（7）记录接近点 3：

①沿世界坐标（WORLD）+Z 方向移动机器人 50mm 左右；

②移动光标到"接近点 3"（Approach point 3）；

③把示教坐标切换成关节坐标（JOINT），旋转 J4 轴和 J5 轴，不要超过 90°；

④把示教坐标切换成世界坐标（WORLD），移动机器人，使工具尖端接触到基准点，如图 3-2-21 所示；

⑤按【SHIFT】+F5【记录】（RECORD）记录；

⑥此时，"未初始化"（UNINIT）转为："已记录"（USED），如图 3-2-22 所示。

图 3-2-19　接近点 2 示教

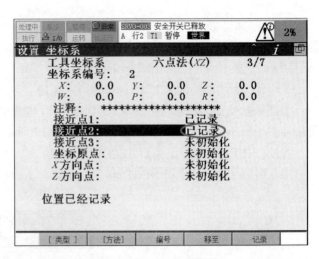

图 3-2-20　六点法设置画面(3)

图 3-2-21　接近点 3 示教

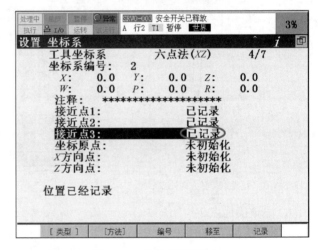

图 3-2-22　六点法设置画面(4)

(8)记录方向原点(Orient Origin Point):

①沿世界坐标(WORLD)+Z 方向移动机器人 50mm 左右;

②移动光标到"接近点 1"(Approach point 1);

③按【SHIFT】+F4【移至】(MOVE_TO)使机器人回到接近点 1;

④移动光标到"方向原点"(Orient Origin Point);

⑤按【SHIFT】+F5【记录】(RECORD)记录;

⑥此时,"未初始化"(UNINIT)转为"已记录"(USED),如图 3-2-23 所示。

(9)定义 +X 方向点:

①移动光标到想要的"X 方向点"(X Direction Point);

②把示教坐标切换成世界坐标(WORLD);

③移动机器人,使工具沿所需要设定的 +X 方向至少移动 250mm;

④按【SHIFT】+F5【记录】(RECORD)记录;

⑤此时,"未初始化"(UNINIT)转为"已记录"(USED),如图 3-2-24 所示。

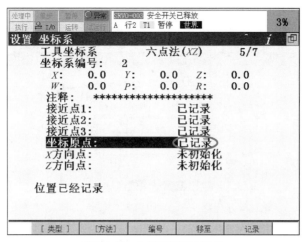

图 3-2-23　六点法设置画面(5)

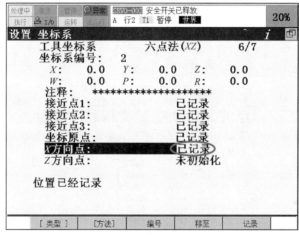

图 3-2-24　六点法设置画面(6)

(10)定义 + Z 方向点：

①移动光标到"方向原点"(Orient Origin Point)；

②按【SHIFT】+F4【移至】(MOVE_TO)使机器人恢复到方向原点(Orient Origin Point)；

③移动光标到"Z 方向点"(Z Direction Point)；

④移动机器人，使工具沿所需要设定的 + Z 方向，即世界坐标(WORLD)方式至少移动 250mm；

⑤按【SHIFT】+F5【记录】(RECORD)记录。

(11)当 6 个点记录完成，新的工具坐标系被自动计算生成，如图 3-2-25 所示所示。

X,Y,Z 中的数据代表当前设置的工具中心点相对于 J6 轴凸缘盘中心的偏移量；

W,P,R 中的数据代表当前设置的工具坐标系与默认工具坐标系的旋转量。

三、应用直接输入法设置工具坐标系

直接输入法就是直接输入所需工具坐标系 TCP 相对于默认工具坐标系原点 X、Y、Z 的值,和所需工具坐标系方向相对于默认工具坐标系方向的回转角 W、P、R 的值。

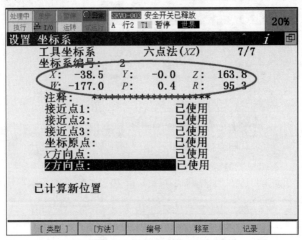

图 3-2-25 六点法设置后的参数画面

具体操作步骤如下:

(1)依次按键操作:【MENU】(菜单)-【设定】(SET UP),光标右移选择【坐标系】(Frames),进入坐标系设置画面,如图 3-2-26 所示。

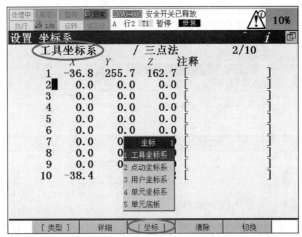

图 3-2-26 工具坐标系画面(3)

(2)按 F3【坐标】(OTHER)选择【工具坐标系】(Tool Frame)进入工具坐标系的设置画面,如图 3-2-27 所示。

(3)移动光标到所需设置的工具坐标系,按键 F2【详细】(DETAIL)进入详细界面,如图 3-2-28 所示。

(4)按 F2【方法】(METHOD)选择所用的设置方法【直接输入法】(Direct Entry),按 ENTER 键确认,进入如图 3-2-29 所示画面。

(5)输入工具坐标系的坐标:

①将光标移动到各条目;

②通过数值键设定新的数值;

③按下 ENTER 键,输入新的数值;

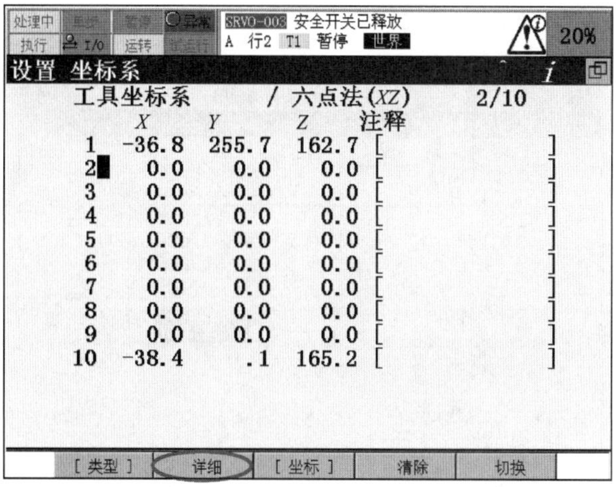

图 3-2-27　工具坐标系设置画面(3)

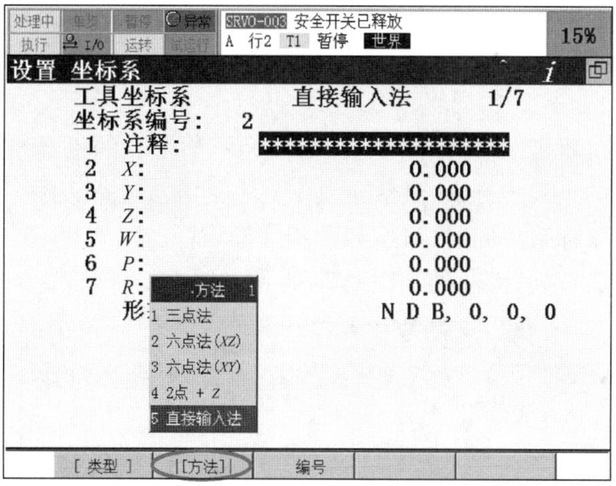

图 3-2-28　工具坐标系设置详细界面(3)

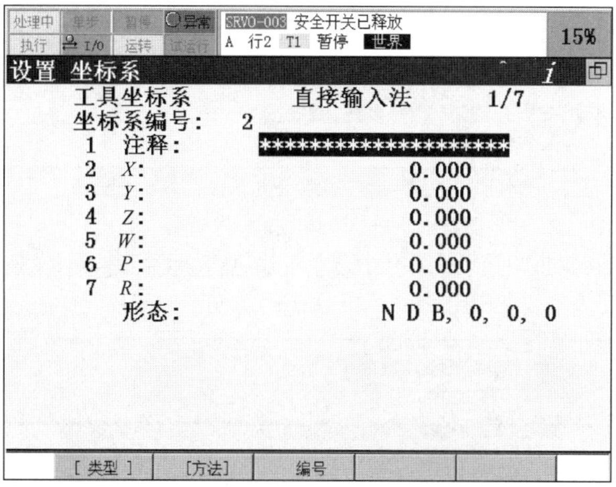

图 3-2-29　直接输入法设置画面(1)

④重复步骤以上步骤,完成所有项输入,如图3-2-30所示。

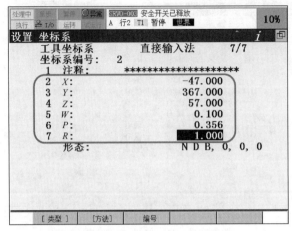

图3-2-30 直接输入法设置画面(2)

四、激活工具坐标系

在用示教器操作机器人,调用不同工具时,因为不同工具的工具坐标系不同,通常需要激活不同工具所对应的工具坐标系,激活工具坐标系的方法通常有两个。

当界面处在用户坐标系界面时,可按如下步骤操作:

(1)按【PREV】(前一页)键回到如图3-2-31所示画面;

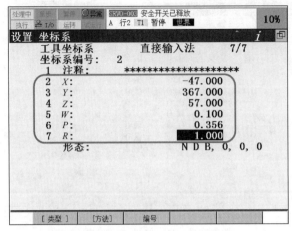

图3-2-31 工具坐标系画面(4)

(2)按 F5【切换】(SETIND),屏幕中出现:"输入坐标系编号:"(Enter frame number:),如图3-2-32所示;

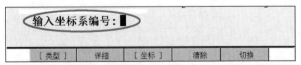

图3-2-32 输入坐标系编号画面(1)

（3）用数字键输入所需激活的工具坐标系号，按下【ENTER】（回车）确认，屏幕中将显示被激活的工具坐标系号，即当前有效工具坐标系号，如图 3-2-33 所示。

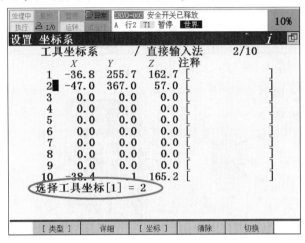

图 3-2-33　当前有效工具坐标系号

当界面处在非用户坐标系界面时，可按如下步骤操作：

（1）按【SHIFT】+【COORD】键，弹出黄色对话框，如图 3-2-34 所示；

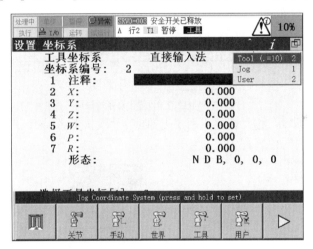

图 3-2-34　对话框(1)

（2）把光标移到 Tool（工具）行，用数字键输入所要激活的工具坐标系号。

五、检验工具坐标系

当工具坐标系设置完成后，通常需要对其进行检验，以免发生错误，具体检验步骤如下。

1. 检验 X、Y、Z 方向

（1）将机器人的示教坐标系通过【COORD】键切换成工具（TOOL）坐标系，如图 3-2-35。表示当前坐标系为工具坐标系。

（2）如图 3-2-36 所示，按【SHIFT】+ X，【SHIFT】+ Y，【SHIFT】+ Z，示教机器人分别沿

X、Y、Z 方向运动,检查工具坐标系的方向是否符合设定的要求。

图 3-2-35　当前为工具坐标系的画面

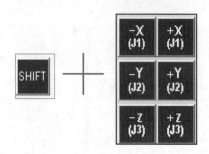

图 3-2-36　示教机器人分别沿 X、Y、Z 方向运动

2. 检验 TCP 位置

(1)将机器人的示教坐标系通过【COORD】键切换成世界坐标系(WORLD),如图 3-2-37 所示;

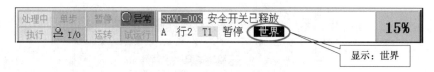

图 3-2-37　当前为世界坐标系的画面

(2)如图 3-2-38 所示,移动机器人对准基准点,示教机器人绕 X、Y、Z 轴旋转,检查 TCP 点是否围绕基准点旋转,位置是否符合要求。

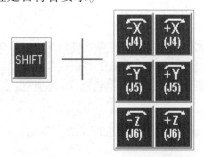

图 3-2-38　示教机器人绕 X、Y、Z 轴旋转

注意: 以上检验如偏差不符合要求,则重复设置步骤。

任务三　设置工业机器人用户坐标系

用户坐标系是用户对每个作业空间进行定义的笛卡尔坐标系。FANUC 机器人最多可设置 9 个用户坐标系。设置的方法有:三点法、四点法、直接输入法。

一、应用三点法设置用户坐标系

三点法设置是对坐标系的原点、X 轴方向上一点、XY 平面上的一点进行示教。如图 3-3-1 所示。

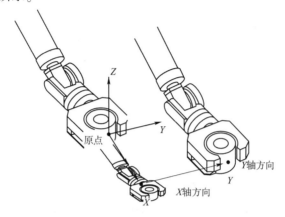

图 3-3-1　三点法设置

具体操作步骤如下。

（1）依次按键操作：【MENU】（菜单）-【设定】（SET UP），光标右移选择【坐标系】（Frames），进入坐标系设置画面，如图 3-3-2 所示；

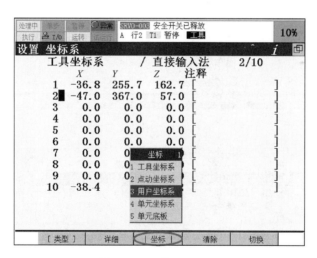

图 3-3-2　坐标系画面（1）

（2）按 F3【坐标】（OTHER）选择【用户坐标系】（USER Frame）进入用户坐标系的设置界面，如图 3-3-3 所示；

（3）移动光标至想要设置的用户坐标系，按 F2【详细】（DETAIL）进入设置画面，如图 3-3-4 所示；

（4）按 F2【方法】（METHOD），移动光标，选择所用的设置方法为【三点法】（Three point），按【ENTER】（回车）确认，进入具体设置画面，如图 3-3-5 所示；

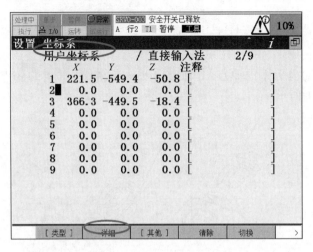

图 3-3-3　用户坐标系界面(1)

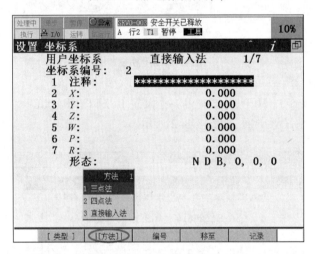

图 3-3-4　详细信息画面

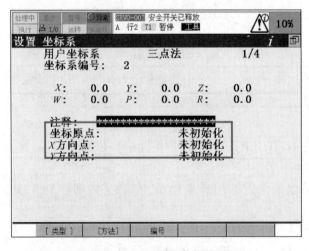

图 3-3-5　用户坐标系三点法设置画面

（5）记录坐标原点（Orient Origin Point）：

①光标移至"坐标原点"（Orient Origin Point）；

②示教机器人到希望得到的原点位置；

③按【SHIFT】+ F5【记录】（RECORD）记录，当记录完成，"未初始化"（UNINIT）转为"已记录"（RECORDED），如图 3-3-6 所示画面。

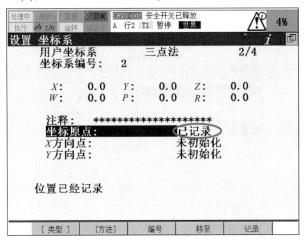

图 3-3-6　坐标原点设置画面

（6）将机器人的示教坐标切换成世界（WORLD）坐标。

（7）记录 X 方向点：

①示教机器人沿用户自己希望的 +X 方向至少移动 250mm；

②光标移至"X 方向点"（X Direction Point）行，按【SHIFT】+ F5【记录】（RECORD）记录，记录完成，"未初始化"（UNINIT）转为"已记录"（RECORDED），如图 3-3-7 所示；

③移动光标到"坐标原点"（Orient Origin Point）；

④按【SHIFT】+ F4【移至】（MOVE_TO）使示教点回到坐标原点（Orient Origin Point）。

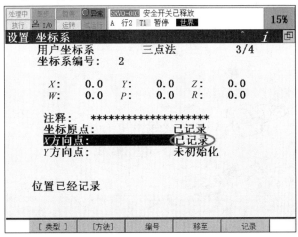

图 3-3-7　记录 X 方向点后的画面（1）

（8）记录 Y 方向点：

①示教机器人沿用户自己希望的 +Y 方向至少移动 250mm；

②光标移至"Y 方向点"(Y Direction Point)行,按【SHIFT】+ F5【记录】(RECORD)记录,记录完成,"未初始化"(UNINIT)转为"已记录"(RECORDED),如图 3-3-8 所示;

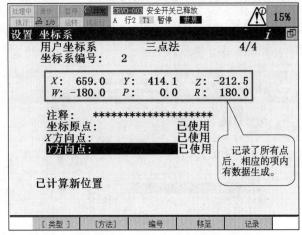

图 3-3-8　用户坐标系设置完成画面

③移动光标到坐标原点(Orient Origin Point);

④按【SHIFT】+ F4【移至】(MOVE_TO)使示教点回到"坐标原点"(Orient Origin Point)。

记录完后,如图 3-3-8 所示,新的用户坐标系已经设置完成。矩形框中的 X、Y、Z、W、P、R 的值发生了变化。X、Y、Z 的数据代表当前设置的用户坐标系的原点相对于 WORLD 坐标系的偏移量;W、P、R 的数据代表当前设置的用户坐标系相对于世界(WORLD)坐标系的旋转角度量。

二、应用四点法设置用户坐标系

四点法就是对平行于坐标系的 X 轴始点、X 轴方向点、XY 平面上的一点、坐标系的原点,这 4 点进行示教得到新的用户坐标系,如图 3-3-9 所示。

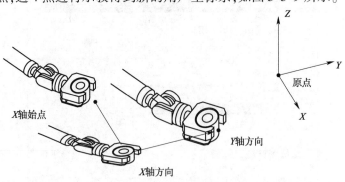

图 3-3-9　四点法

具体操作步骤如下。

(1)依次按键操作:【MENU】(菜单)-【设定】(SET UP),光标右移选择【坐标系】(Frames),进入坐标系设置画面,如图 3-3-10 所示;

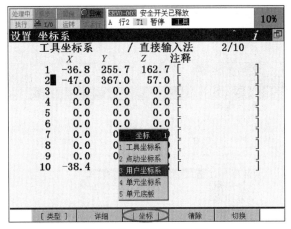

图 3-3-10 坐标系画面(2)

(2)按 F3【坐标】(OTHER)选择【用户坐标系】(USER Frame)进入用户坐标系的设置界面,如图 3-3-11 所示;

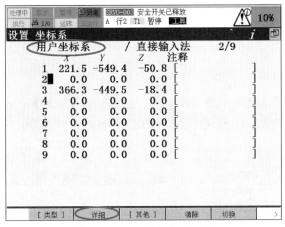

图 3-3-11 用户坐标系界面(2)

(3)移动光标至想要设置的用户坐标系,按 F2【详细】(DETAIL)进入设置画面,如图 3-3-12所示;

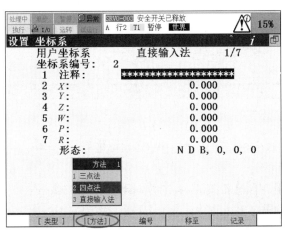

图 3-3-12 方法选择画面(1)

（4）选择"四点法"（Four Point），按【ENTER】（回车）出现基于四点法的用户坐标系设定画面，如图3-3-13所示。

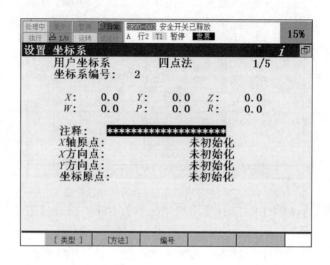

图3-3-13 四点法设置画面

（5）记录 X 轴原点：

①将光标移到"X 轴原点为"（orient origin point）；

②示教机器人到要设定的 X 轴方向原点。按【SHIFT】+ F5【记录】（RECORD），当记录完成，"未初始化"（UNINIT）转为"已记录"（RECORDED），如图3-3-14所示。

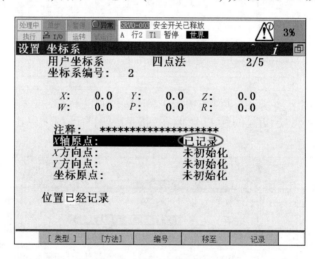

图3-3-14 记录方向原点后的画面

（6）将机器人的示教坐标切换成世界（WORLD）坐标。

（7）记录 X 方向点：

①示教机器人沿用户自己希望的 + X 方向至少移动250mm；

②光标移至"X 方向点"（X Direction Point）行，按【SHIFT】+ F5【记录】（RECORD）记录，记录完成，"未初始化"（UNINIT）转为"已记录"（RECORDED），如图3-3-15所示；

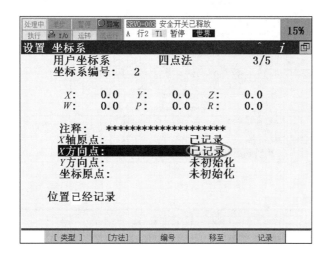

图 3-3-15　记录 *X* 方向点后的画面（2）

③移动光标到"*X* 轴原点"（Orient Origin Point）；

④按【SHIFT】+ F4【移至】（MOVE_TO）使示教点回到坐标原点（Orient Origin Point）。

（8）记录 *Y* 方向点：

①示教机器人沿用户自己希望的 +*Y* 方向至少移动 250mm；

②光标移至"*Y* 方向点"（Y Direction Point）行,按【SHIFT】+F5【记录】（RECORD）记录,记录完成,"未初始化"（UNINIT）转为"已记录"（RECORDED）,如图 3-3-16 所示。

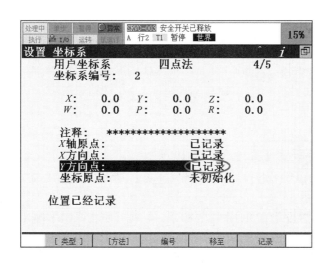

图 3-3-16　记录 *Y* 方向点后的画面

（9）记录坐标原点：

①将光标移到"坐标原点"（Sestem Origin）；

②示教机器人到想要设定的原点。按【SHIFT】+F5【记录】（RECORD）记录,记录完成,"未初始化"（UNINIT）转为"已使用"（RECORDED）,如图 3-3-17 所示。

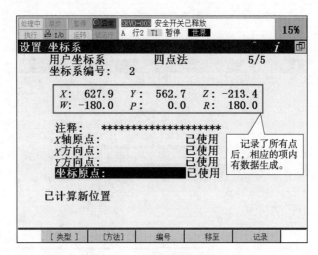

图 3-3-17　四点法设置完成画面

三、应用直接输入法设置用户坐标系

直接输入相对世界坐标系的用户坐标系原点的位置数据 X、Y、Z，世界坐标系的 X 轴、Y 轴、Z 轴回转角 W、P、R 的值。图 3-3-18 展示了直接输入法中的 (W, P, R) 的含义。

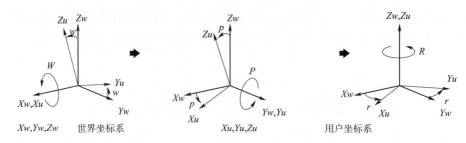

图 3-3-18　直接输入法中的 (W, P, R) 的含义

具体操作步骤如下。

（1）依次按键操作：【MENU】（菜单）-【设定】（SET UP），光标右移选择【坐标系】（Frames），进入坐标系设置画面，如图 3-2-19 所示。

（2）按 F3【坐标】（OTHER）选择【用户坐标系】（USER Frame）进入用户坐标系的设置界面，如图 3-3-20 所示。

（3）移动光标至想要设置的用户坐标系，按 F2【详细】（DETAIL）进入设置画面，如图 3-3-21 所示。

（4）按 F2【方法】（METHOD）选择所用的设置方法【直接输入法】（Direct Entry），按 ENTER 键确认，进入如图 3-3-22 所示画面。

（5）输入用户坐标系的坐标值：

①将光标移动到各条目；

②通过数值键设定新的数值；

③按下 ENTER 键，输入新的数值；

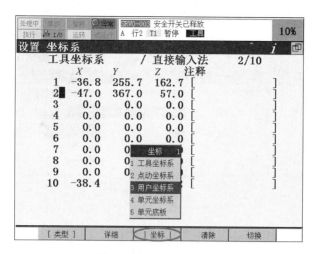

图 3-3-19 坐标系画面(3)

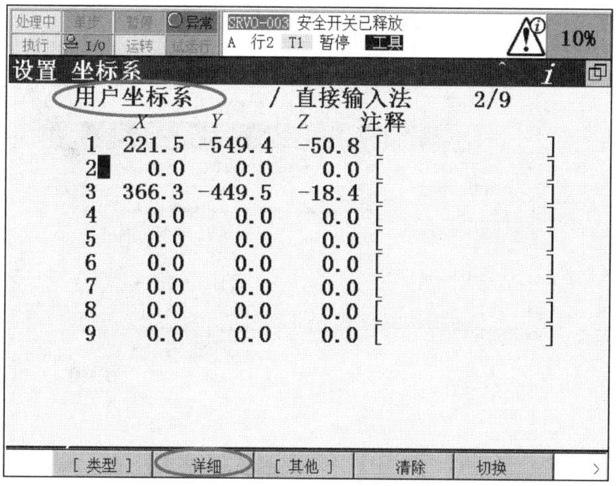

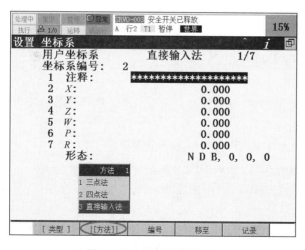

图 3-3-20 用户坐标系界面(3)

图 3-3-21 方法选择画面(2)

④重复步骤以上步骤,完成所有项输入,如图 3-3-23 所示。

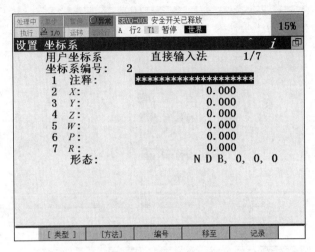

图 3-3-22 直接输入法设置画面(1)

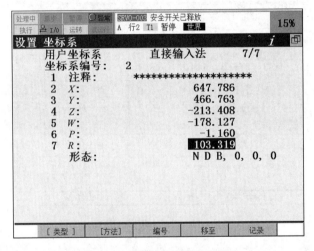

图 3-3-23 直接输入法设置画面(2)

四、激活用户坐标系

在用示教器操作机器人时,当操作台发生变化时,通常要激活用户坐标系来切换坐标,激活用户坐标系的方法通常有两个。

当界面处在用户坐标系界面时,可按如下步骤操作:

(1)按【PREV】(前一页)键回到如图 3-3-24 所示画面;

(2)按 F5【切换】(SETIND),屏幕中出现:"输入坐标系编号:"(Enter frame number:),如图 3-3-25 所示;

(3)用数字键输入所需激活的用户坐标系号,按下【ENTER】(回车)确认,屏幕中将显示被激活的用户坐标系号,即当前有效用户坐标系号,如图 3-3-26 所示。

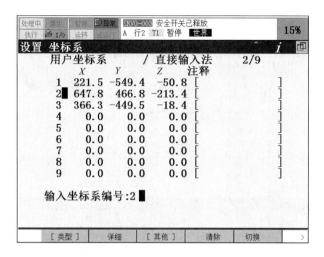

图 3-3-24 用户坐标系画面(4)

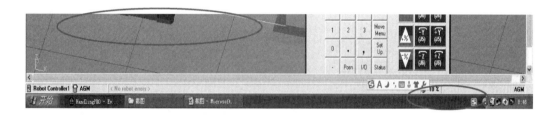

图 3-3-25 输入坐标系编号画面(2)

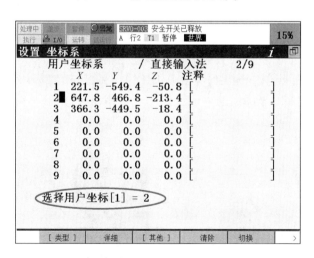

图 3-3-26 当前有效用户坐标系号

当界面处在非用户坐标系界面时,可按如下步骤操作:

(1)按【SHIFT】+【COORD】键,弹出黄色对话框,如图 3-3-27 所示;

(2)把光标移到 User(用户)行,用数字键输入所要激活的用户坐标系号。

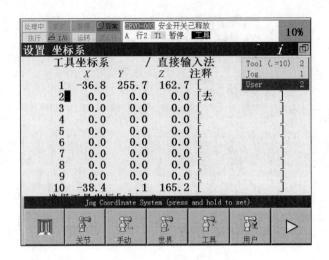

图 3-3-27 对话框(2)

五、检验用户坐标系

当用户坐标系设置完成后,通常需要对其进行检验,以免发生错误,具体检验步骤如下。

(1)将机器人的示教坐标系通过【COORD】键切换成用户坐标系,如图3-3-28所示;

图 3-3-28 设置用户坐标为当前坐标系

(2)如图3-3-29所示,按【SHIFT】+ X,【SHIFT】+ Y,【SHIFT】+ Z,示教机器人分别沿X、Y、Z 方向运动,检查用户坐标系的方向设定是否有偏差,若偏差不符合要求,重复以上所有步骤重新设置。

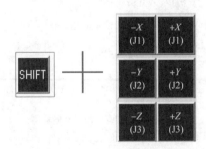

图 3-3-29 点动操作按键示意图

项 目 小 结

本项目涉及的知识主要有坐标系认知、坐标系设置方法,并分为三个任务进行学习,分别是坐标系认知、设置工具坐标系、设置用户坐标系。通过本单元的学习,学生应掌握工具坐标系的三点法、六点法、直接输入法三种设置方法,掌握用户坐标系的三点法、四点法、直接输入法三种设置方法,能对工具坐标系、用户坐标系进行激活、切换和检验设置是否正确。

思 考 题

1. 简述工业机器人的坐标系种类。
2. 以三点法为例说明设置工具坐标系的步骤。
3. 以四点法为例说明设置用户坐标系的步骤。

项目四　建立工业机器人通信

学习目标

完成本项目学习后,你应能:

1. 熟悉工业机器人的输入/输出(I/O)信号类型;

2. 熟悉工业机器人 I/O 设备的通信种类;

3. 能实现工业机器人、计算机、PLC 的网络通信;

4. 能建立工业机器人 Modbus TCP 的通信设定;

5. 能配置 I/O 信号,完成输入信号 DI、输出信号 DO、组输入 GI、组输出 GO 的配置。

任务一　认识工业机器人 I/O 信号

一、工业机器人的 I/O 信号类型

输入/输出(I/O)信号可使用通用信号和专用信号在应用工具软件和外部之间进行数据的收发。

1. 通用 I/O

通用 I/O 信号(用户定义的 I/O 信号)由程序进行控制,与外部设备之间进行信号的交换。

1)数字输入/数字输出($DI[i]/DO[i]$)

数字输入/数字输出(DI/DO)是从外围设备通过处理 I/O 印刷电路板(或 I/O 单元)的 I/O 信号线来进行数据交换的标准数字信号,准确地说其属于通用数字信号。数字信号的值有 ON(通)和 OFF(断)两类。

利用操作面板、触摸屏、按钮、可编程逻辑控制器(PLC)等外围设备将输入信号(打磨功能启动、触发拍照信号等)传送给机器人数字输入 DI,机器人根据设定程序做出相应动作;机器人数字输出 DO 信号可控制光源、气缸等外围设备的动作。如图 4-1-1 所示为数字输入 DI 应用画面,图 4-1-2 所示为数字输出 DO 应用画面。

2)组输入/组输出($GI[i]/GO[i]$)

组输入/组输出(GI/GO)是用来汇总多条信号并进行数据交换的通用数字信号。组信号的值用数值(10 进制数或 16 进制数)来表达,转变或逆转变为 2 进制数后通过信号线交换数据。

组 I/O 就是将数字 I/O 组合在一起,用一个组 I/O 控制多个数字 I/O。如图 4-1-3 所示为组输入 GI 应用画面,图 4-1-4 所示为组输出 GO 应用画面。

3)模拟输入/模拟输出($AI[i]/AO[i]$)

模拟输入/模拟输出(AI/AO)从外围设备通过处理 I/O 印刷电路板(或 I/O 单元)的 I/O

信号线来进行模拟输入/输出电压值的交换。进行读写时,将模拟输入/输出电压转换为数字值,因此 AI/AO 值不见得与输入/输出电压值完全一致。

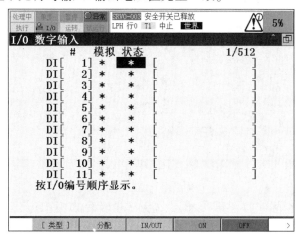

图 4-1-1 数字输入 DI 画面

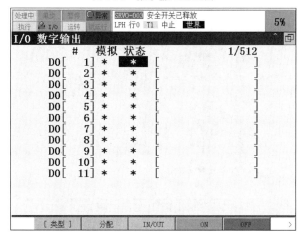

图 4-1-2 数字输出 DO 画面

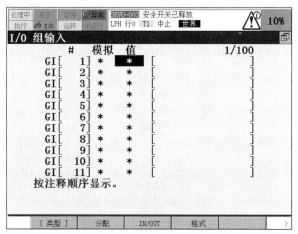

图 4-1-3 组输入 GI 画面

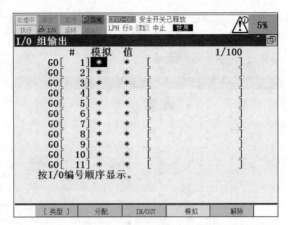

图 4-1-4　组输出 GO 画面

　　AI/AO 是模拟量,例如将温度传感器的变化量转化为模拟电信号输入给机器人是用 AI;由机器人输出模拟电信号控制焊机的焊接电压、电流是用 AO。如图 4-1-5 所示为模拟输入 AI 应用画面,图 4-1-6 所示为模拟输出 AO 应用画面。

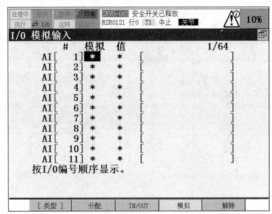

图 4-1-5　模拟输入 AI 画面

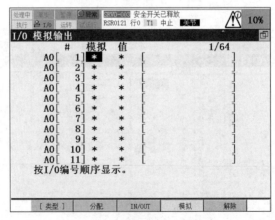

图 4-1-6　模拟输出 AO 画面

　　2. 专用 I/O

　　专用 I/O 信号(系统定义的 I/O 信号)使用特定用途的信号线。专用 I/O 是发送和接收来自远端控制器或周边设备的信号,可以执行选择程序、开始和停止程序、从报警状态中恢复系统等功能。

1)外部输入/外部输出(UI[i]/UO[i])

外部输入/外部输出(UI[i]/UO[i]),是在系统中已经确定了其用途的专用信号,这些信号从处理I/O印刷电路板(或I/O单元)通过I/O信号线等与程控装置和外围设备连接,从外部进行机器人控制。

利用操作面板、触摸屏、按钮、PLC等外围设备将信号传送给外部输入UI,外部输出UO根据外部输入UI信号改变状态,同时可根据外部输出UO状态的改变,判断外部输入UI信号的有效性等。如图4-1-7所示为模拟输入UI应用画面,图4-1-8为模拟输出UO应用画面。

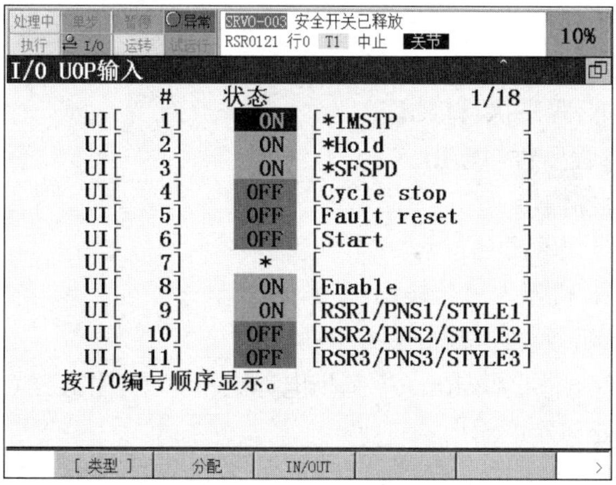

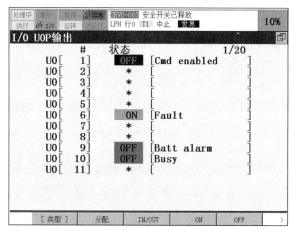

图 4-1-7　模拟输入 UI 画面

图 4-1-8　模拟输出 UO 画面

外部输入 UI[i]表示的信号含义如下:

UI[1] IMSTP:紧急停机信号(正常状态:ON);

UI[2] Hold:暂停信号(正常状态:ON);

UI[3] SFSPD:安全速度信号(正常状态:ON);

UI[4] Cycle Stop:周期停止信号;

UI[5] Fault reset:报警复位信号;

UI[6] Start:外部启动信号(信号下降沿有效);

UI[7] Home:回 HOME 输入信号(需要设置宏程序);

UI[8] Enable:使能信号;

UI[9~16] RSR1~RSR8:机器人服务请求信号,可选择 8 个以 RSR 方式命名的程序;

UI[9~16] PNS1~PNS8:程序选择信号,可选择 255 个以 PNS 方式运行的程序;

UI[17] PNSTROBE:PNS 滤波信号,检测出 PNSTROBE 上升沿后,以大约 15msec 为间隔读出 PNS 值 2 次以上,在确认信号已经稳定后进行程序选择处理;

UI[18] PROD_START:自动操作开始(生产开始)信号(信号下降沿有效)。

外部输出 UO[i] 表示的信号含义如下:

UO[1] CMDENBL:命令使能信号输出;

UO[2] SYSRDY:系统准备完毕输出;

UO[3] PROGRUN:程序执行输出;

UO[4] PAUSED:程序暂停输出;

UO[5] HELD:暂停输出;

UO[6] FAULT:错误输出;

UO[7] ATPERCH:机器人就位输出;

UO[8] TPENBL:示教盒使能输出;

UO[9] BATALM:电池报警输出(控制柜电池电量不足,输出至 ON);

UO[10] BUSY:处理器忙输出;

UO[11~18] SNO1~SNO8:该信号组以 8 位 2 进制码表示相应当前选中的 PNS 程序号;

UO[11~18] ACK1~ACK8:证实信号,当 RSR 输入信号被接收时,会输出一个相应的脉冲信号;

UO[19] SNACK:信号数确认输出;

UO[20] Reserved:预留信号。

2)操作面板输入/操作面板输出 SI[i]/SO[i]

操作面板输入/操作面板输出(SI[i]/SO[i])是用来进行操作面板/操作箱的按钮和 LED 状态数据交换的数字专用信号。输入随操作面板上的按钮的 ON/OFF 而定。输出时,进行操作面板上 LED 灯的 ON/OFF 操作。

如图 4-1-9 所示为操作面板输入 SI 应用画面,图 4-1-10 所示为操作面板输出 SO 应用画面。当满足操作面板启动条件,选择控制柜自动模式,并将示教器 TP 置为 OFF,按下按操作面板循环启动按钮,即可执行选择的程序。

SI[i]/SO[i] 表示的信号含义如下。

SI[1] FAULT RESET:报警解除信号(FAULT RESET)解除报警。伺服电源被断开时,通过 RESET 信号接 FAULT RESET 通电源。此时,在伺服装置启动之前,报警不予解除。

SI[2] REMOTE:遥控信号(REMOTE)用来进行系统遥控方式和本地方式的切换。在遥控方式(SI[2] = ON)下,只要满足遥控条件,即可通过外围设备 I/O 启动程序。在本地方式(SI[2] = OFF)下,只要满足操作面板有效条件,即可通过操作面板启动程序。遥控信号(SI[2])的 ON/OFF 操作,通过系统设定菜单"设定控制方式"进行。

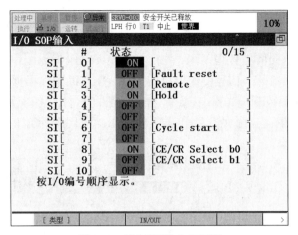

图 4-1-9　操作面板输入 SI 画面

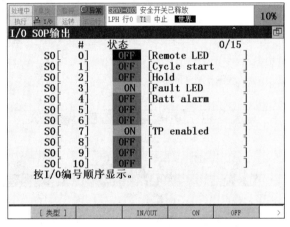

图 4-1-10　操作面板输出 SO 画面

SI[3] HOLD:暂停信号(HOLD)发出使程序暂停的指令。HOLD 信号,通常情况下处在 ON。该信号成为 OFF,执行中的机器人动作被减速停止,执行中程序被暂停。

SI[6] START:启动信号(START)通过示教器所选程序的、当前光标所在位置的行号码启动程序,或者再启动处在暂停状态下的程序。当处在接通后又被关闭的下降沿时,该信号启用。

SO[0] REMOTE:遥控信号(REMOTE)在遥控条件成立时被输出。

SO[1] BUSY:处理中信号(BUSY)在程序执行中或执行文件传输等某项处理时输出。程序处在暂停中时,该信号不予输出。

SO[2] HELD:保持信号(HELD)在按下 HOLD 按钮时和输入 HOLD 信号时输出。

SO[3] FAULT:报警信号(FAULT)在系统中发生报警时输出。可以通过 FAULT RESET 输入来解除 FAULT 报警。系统发出警告时(WARN 报警),该信号不予输出。

SO[4] BATAL:电池异常信号(BATAL),表示控制装置或机器人的脉冲编码器的电池电压下降报警,请(在接通控制装置电源的状态下)更换电池。

SO[7] TP ENBL:示教器有效信号(TPENBL)在示教器的有效开关处在 ON 时输出。

3)机器人输入/机器人输出(RI[i]/RO[i])

机器人输入/机器人输出(RI[i]/RO[i]),是经由机器人,作为末端执行器(夹爪、吸盘、焊枪等)I/O 被使用的机器人数字信号。末端执行器 I/O 与机器人手腕上所附带的连接器连接后使用。末端执行器信号最多有 8 个输入(RI[1~8])、8 个输出(RO[1~8])的通用信号,这些信号不能再定义信号号码。

将传感器、触摸屏等外部信号传送给机器人输入 RI,机器人根据程序做出对应动作,或者用机器人输出 RO 去控制传送带、打磨机、相机光源等外围设备。如图 4-1-11 所示为机器人输入 RI 应用画面,图 4-1-12 所示为机器人输出 RO 应用画面,图 4-1-13 所示为 LR Mate 200iD 型号机器人 EE 接口。

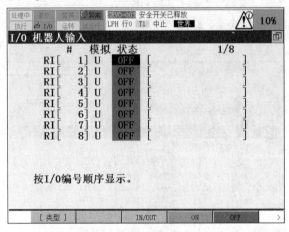

图 4-1-11　机器人输入 RI 画面

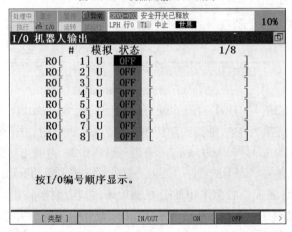

图 4-1-12　机器人输出 RO 画面

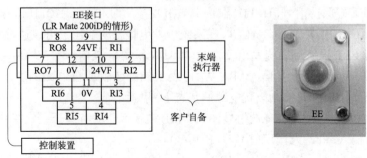

图 4-1-13　LR Mate 200iD 型号机器人 EE 接口

I/O 的极性在信号处在 ON 时,设定是否流过电流,通常处在 ON 时,使电流流过信号线,反之处在 OFF 时,不使电流流过信号线。

二、配置信号

信号配置是建立机器人的软件端口与通信设备的关系。

注:操作面板输入/操作面板输出(SI$[i]$/SO$[i]$)和机器人输入/机器人输出(RI$[i]$/RO$[i]$)为硬线连接,不需要配置。

1. 数字输入/数字输出(DI/DO)信号分配步骤

(1)依次按键操作:【MENU】(菜单)—【I/O】(信号)—【Digital】(数字);

(2)按【F2】CONFIG(分配),进入图 4-1-14 所示界面;

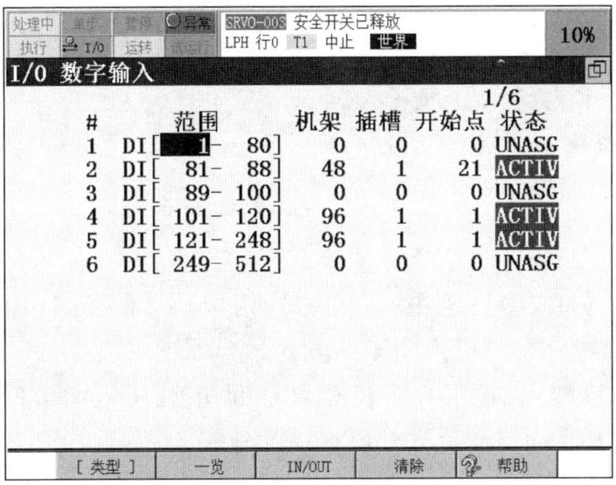

图 4-1-14　数字 DI 信号

(3)按【F3】IN/OUT(输入/输出)可在 DI/DO 间切换,进入图 4-1-15 所示界面;

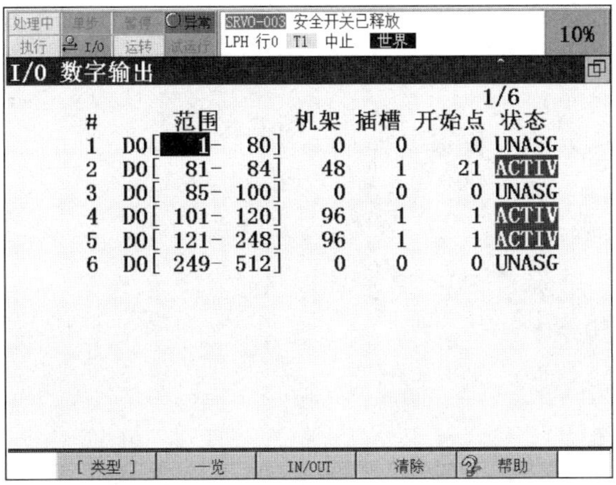

图 4-1-15　数字 DO 信号

(4)按【F4】DELETE(清除)删除光标所在项的分配;

(5)按【F5】HELP(帮助);

(6)按【F2】MONITOR(一览),可返回信号状态画。

RANGE(范围):软件端口的范围,可设置。

BACK:I/O 通信设备种类:

①0 = Process I/O board(B 柜体);

②1 ~ 16 = I/O Model A/B;

③48 = Process I/O board(Mate 柜体)。

SLOT:I/O 模块的数量:

①使用 Process I/O 板时,按与主板的连接顺序定义 SLOT 号;

②使用 I/O Model A/B 时,SLOT 号由每个单元所连接的模块顺序确定;

③第 1 块 SLOT 为 1,第 2 块 SLOT 为 2,依次排序。

START(开始点):对应于软件端口的 I/O 设备起始信号位。

STAT(状态):

①ACTIVE:表示分配完成并激活;

②PEND:表示分配完成,但未重启激活;

③INVAL:表示分配不正确;

④UNAS:表示未分配。

2. 组输入/组输出(GI/GO)信号分配步骤

(1)依次按键操作:【MENU】(菜单)—【I/O】(信号)—【Group】(组);

(2)按【F2】CONFIG(分配),进入图 4-1-16 所示界面;

(3)按【F3】IN/OUT(输入/输出),可在 GI/GO 间切换,进入图 4-1-17 所示界面;

(4)按【F4】DELETE(清除)删除光标所在项的分配;

(5)按【F5】HELP(帮助);

(6)按【F2】MONITOR(一览),可返回信号状态画面。

图 4-1-16　组 GI 信号

3. 模拟输入/模拟输出(AI/AO)信号分配步骤

(1)依次按键操作:【MENU】(菜单)—【I/O】(信号)—【Analog】(模拟);

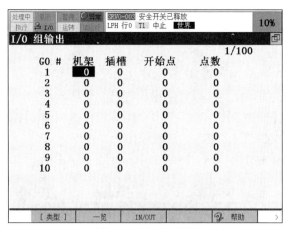

图 4-1-17 组 GO 信号

（2）按【F2】CONFIG(分配)，进入图 4-1-18 所示界面；

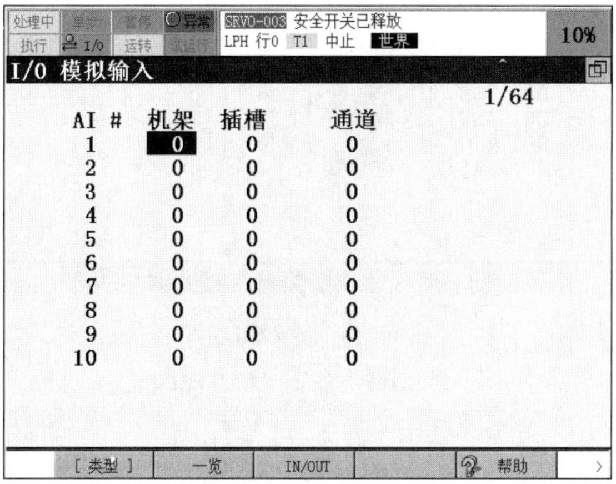

图 4-1-18 模拟 AI 信号

（3）按【F3】IN/OUT(输入/输出)，可在 AI/AO 间切换，进入图 4-1-19 所示界面；

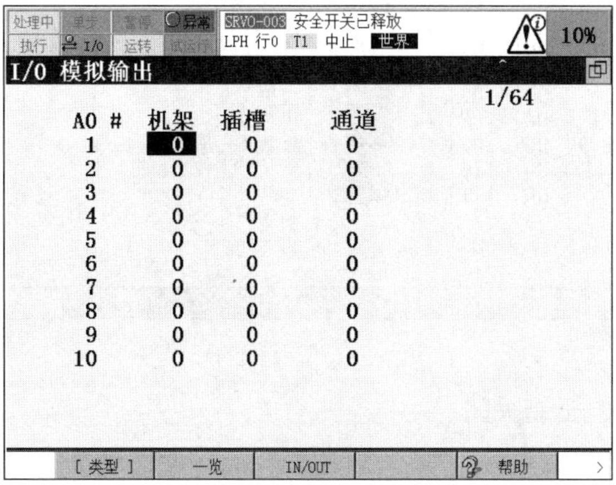

图 4-1-19 模拟 AO 信号

（4）按【F4】DELETE(清除)删除光标所在项的分配；

（5）按【F5】HELP(帮助)；

(6)按【F2】MONITOR(一览),可返回信号状态画面。

三、强制输出

给外部设备手动强制输出信号(以数字输出为例):

(1)依次按键操作:【MENU】(菜单)—【I/O】(信号)—【Digital】(数字);

(2)通过【F3】IN/OUT(输入/输出),选择输出画面;

(3)动光标到要强制输出信号的STATUS(状态)处,进入图4-1-20所示界面;

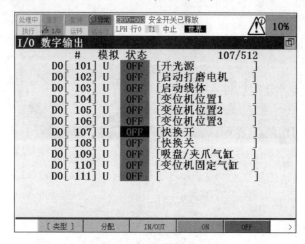

图4-1-20 强制输出关

(4)按【F4】ON(开)强制输出,进入图4-1-21所示界面;

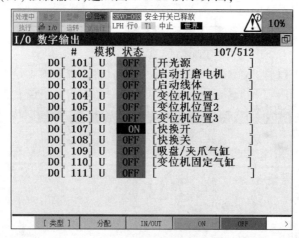

图4-1-21 强制输出开

(5)按【F5】OFF(关)强制关闭。

四、仿真输入/输出

仿真输入/输出功能可以在不和外部设备通信的情况下,内部改变信号的状态。这一功能可以在外部设备没有连接好的情况下检测信号语句。

信号仿真输入步骤(以数字输入为例):

(1)依次按键【MENU】(菜单)—【I/O】(信号)—【Digital】(数字);

(2)通过【F3】IN/OUT(输入/输出),选择输入画面;

(3)移动光标至需要仿真信号的 SIM(模拟)处,进入图 4-1-22 所示界面;

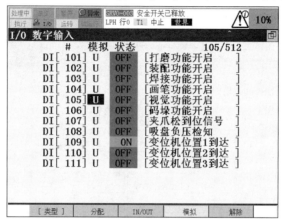

图 4-1-22　信号仿真界面

(4)按 F4【SIMULATE】(模拟),进行模拟,进入图 4-1-23 所示界面;

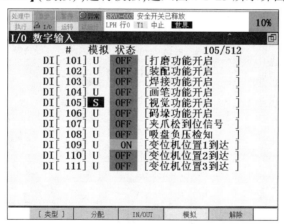

图 4-1-23　信号仿真模拟

(5)把光标移到 STATUS(状态)项,按【F4】ON(开),按【F5】OFF(关),切换信号状态;

(6)移动光标至需要仿真信号的 SIM(模拟)处,按【F5】UNSIM(解除)取消仿真。

任务二　建立工业机器人 I/O 通信

一、工业机器人 I/O 设备的通信种类

FANUC 工业机器人常用 I/O 设备的通信种类有:Process I/O board(机架号为 0)、CRMA15/16(机架号为 48)、Profibus(机架号为 67)、DeviceNet(机架号为 82 ~ 84)、Ethernet/

IP（机架号为89）、Modbus TCP（机架号为96）。下面以 CRMA15/16（机架号为48）及 Modbus TCP（机架号 96）为例进行阐述。

1. CRMA15/16

1) CRMA15

外围设备控制接口 A1 与外围输入信号（按钮、传感器等信号）连接，如图 4-2-1 所示。

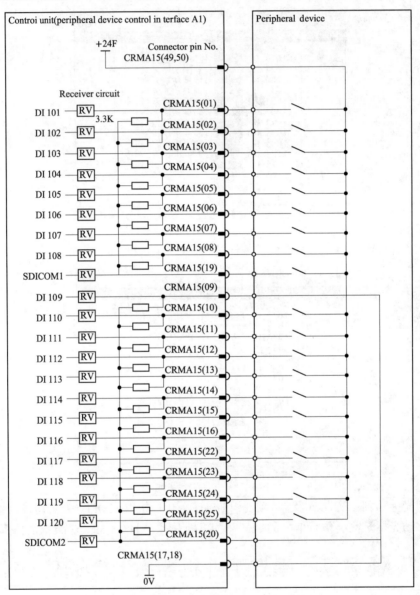

图 4-2-1　接口 A1 与外围输入信号连接图

注：图中输入设备的常用电压为 +24V。

外围设备控制接口 A1 与外围负载（继电器等）连接，如图 4-2-2 所示。

2) CRMA16

外围设备控制接口 A2 与外围输入信号（按钮、传感器等信号）连接，如图 4-2-3 所示。

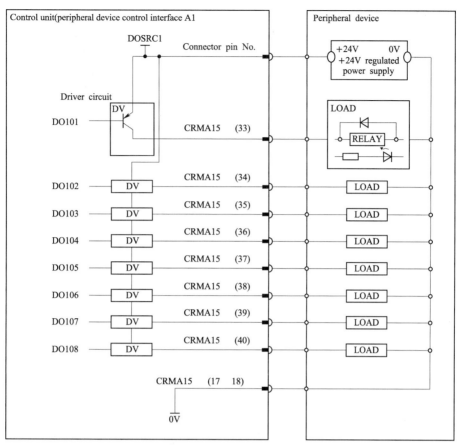

图 4-2-2 接口 A1 与外围负载(继电器等)连接图

注:每个输出点的最大输出电流是 0.2A。

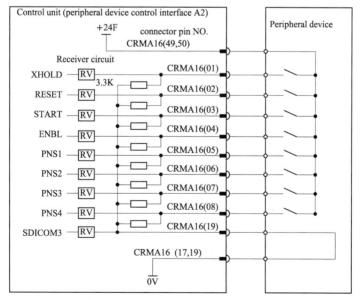

图 4-2-3 接口 A2 与外围输入信号(按钮、传感器等信号)连接图

注:图中输入设备的常用电压为 +24V。

外围设备控制接口 A2 与外围负载(继电器等)连接,如图 4-2-4 所示。

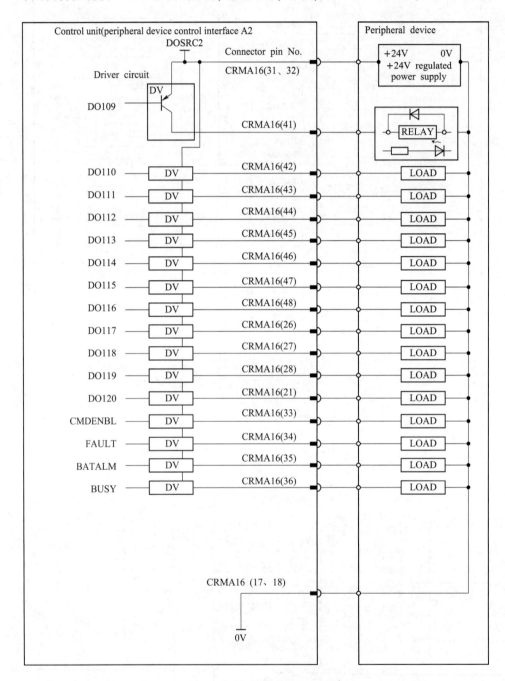

图 4-2-4　接口 A2 与外围负载(继电器等)连接图

注:每个输出点的最大输出电流是 0.2A。

2. Modbus TCP

Modbus TCP 是运行在 TCP/IP 上的 Modbus 报文传输协议,通过此协议,控制器相互之间、通过网络(例如以太网)和其他设备之间可以通信。MODBUS TCP 结合了以太网物理网络和网络标准 TCP/IP 以及以 MODBUS 作为应用协议标准的数据表示方法。MODBUS TCP 通信报文被封装于以太网 TCP/IP 数据包中。Modbus TCP 是开放协议,IANA(Internet Assigned Numbers Authority,互联网编号分配管理机构)给 Modbus 协议赋予 TCP 编口号为 502,这是目前在仪表与自动化行业中唯一分配到的端口号。表 4-2-1 为常用的特殊端口号,图 4-2-5 为 Modbus TCP I/O 设备的通信应用。

常用特殊端口号 表 4-2-1

十 进 制 数	关 键 字	说 明
20	ftp-dadt	文件传输协议(数据)
21	ftp	文件传输协议
23	telnet	远程登录
25	smtp	简单邮件传输协议
53	domain	域名服务器
67	bootps	启动协议服务器
80	http	超文本传输协议
110	Pop3	邮件接收协议
502	modbus	自动化信息传输

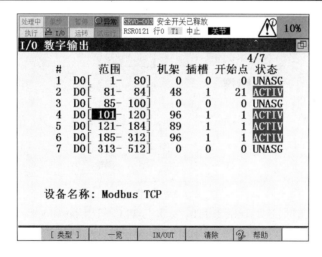

图 4-2-5　Modbus TCP I/O 设备的通信

二、设定工业机器人 IP

1. 设置计算机 IP

(1)依次操作:右键单击网络图标—点击属性—点击更改适配器设置,进入如图 4-2-6 所示网络连接画面。

(2)依次操作:双击以太网(本地连接)—双击 Internet 协议版本 4(TCP/IPv4),进入如图 4-2-7 所示 IP 设置画面。

图 4-2-6　网络连接

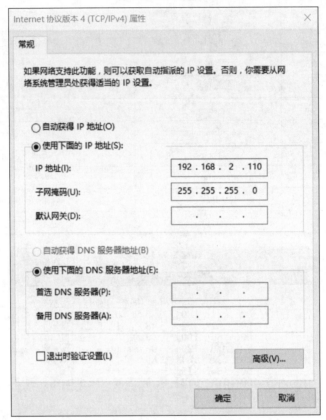

图 4-2-7　IP 设置

（3）设置 IP 地址（例：192.168.2.110）要求与 PLC 和机器人位于同网段，子网掩码默认即可。

2.设置工业机器人 IP

（1）依次按键操作：【MENU】（菜单）—设置—主机通信—【ENTER】确认；

（2）选择 TCP/IP 协议进入如图 4-2-8 所示界面；

（3）分别设置机器人名称、IP 地址（与 PC、PLC 属于同网段）和子网掩码（与 PC、PLC 相同），路由器 IP 地址无须设置，图 4-2-8 可供参考。

3.Ping

"ping"也属于一个通信协议，是 TCP/IP 协议的一部分，利用"ping"命令可以检查网络是否连通。

（1）PC 端检验：

①首先按住键盘上的"开始键"＋"R 键"，然后在弹出大对话框中输入"CMD"并按 EN-

TER 进入如图 4-2-9 所示画面。

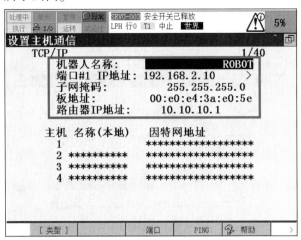

图 4-2-8　主机通信

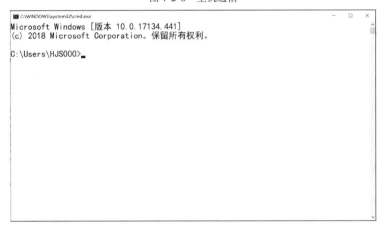

图 4-2-9　命令提示符窗口

②输入"ping 空格" + "IP",分别测试 PLC、机器人网络是否连通,并无故障。如图 4-2-10 所示 PC 端与 PLC、机器人网络连接成功。

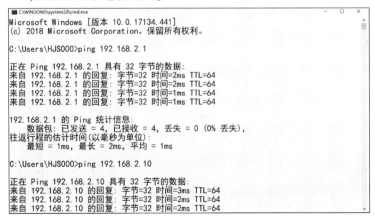

图 4-2-10　网络判断

（2）机器人端检验：

①依次按键操作：【MENU】（菜单）—设置—主机通信—【ENTER】确认；

②选择 TCP/IP 协议进入图 4-2-11 界面；

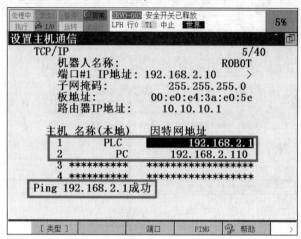

图 4-2-11　主机通信

③分别输入 PLC 和 PC 的主机名称（可随机设置）和因特网地址（PLC/IP 所设置的 IP），图 4-2-11 可供参考；

④移动光标至 IP 地址上，操作按钮【F4】PING，只有在界面正下方显示 Ping（IP）成功才表示机器人端与 PLC、PC 网络连接成功。

三、设定工业机器人 Modbus TCP 的通信

1. Modbus TCP 从站建立

（1）依次按键操作：【MENU】（菜单）—【I/O】（信号）—【ENTER】确认。

（2）按【F1】TYPE（类型），选择 Modbus TCP，进入如图 4-2-12 所示 Modbus TCP 设置。

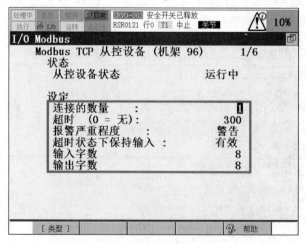

图 4-2-12　Modbus TCP 设置

①选择下面的每一个设定并根据需要进行设置,图4-2-12所示可供参考:

a.连接的数量;

b.超时(0=无);

c.报警严重程度;

d.超时状态下保持输入;

e.输入字数;

f.输出字数。

②设置完成后重新启动设备。

2.远程MODBUS TCP客户端配置

S7-200 SMART PLC 的 MB_Client 指令库包含 MBC_Connect 和 MBC_MSG 2个指令。MBC_Connect 指令用于建立或断开 Modbus TCP 连接,该指令必须在每次扫描时执行。MBC_MSG 指令用于启动对 Modbus TCP 服务器的请求和处理响应。MBC_MSG 指令的 EN 输入参数和 First 输入参数同时接通时,MBC_MSG 指令会向 Modbus 服务器发起 Modbus 客户端的请求;发送请求、等待响应和处理响应通常需要多个 CPU 扫描周期,EN 输入参数必须一直接通直到 Done 位被置1。

每个 MB_Client 指令库只能创建一个 Modbus TCP 连接,如果一个 S7-200 SMART 需要连接多个 Modbus TCP 服务器,则需要多个名称不同的 MB_Client 指令库(例如 MB_Client_0, MB_Client_1,MB_Client_2)。当 Modbus TCP 屏幕上的连接字段数设置为1或更大时,该机器人将准备接受 Modbus TCP 客户端连接。

1)编写通信指令

在建立好工业机器人 Modbus TCP 从站后,可以在 S7-200 SMART PLC 编程软件中编写如图4-2-13所示的 MBC_Connect 指令程序,用于建立 Modbus TCP 连接,MBC_Connect 指令的意义见表4-2-2。

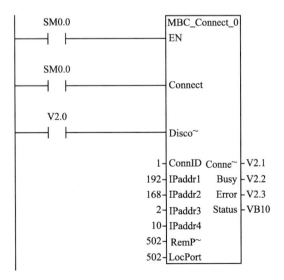

图4-2-13　通信指令程序

通信指令的意义

表 4-2-2

MBC_Connect_0 各引脚名称	连接符号 或设定值	意　义	备　注
EN	SM0.0 常开点	EN 使能:必须保证每一扫描周期都被使能	
Connect	SM0.0 常开点	启动 TCP 连接建立操作	
Disconnect	V2.0 常开点	断开 TCP 连接操作	
IPaddr1 ~ IPaddr4	192.168.2.10	Modbus TCP 服务器的 IP 地址,IPaddr1 是 IP 地址的最高有效字节,IPaddr4 是 IP 地址的最低有效字节	与图 4-2-11 机器人端口#1 IP 地址相同
RemPort:	502	Modbus TCP 服务器的端口号	自动化信息传输
LocPort	502	本地设备上端口号	自动化信息传输
ConnectDone	V2.1	Modbus TCP 连接已经成功建立	
Busy	V2.2	连接操作正在进行时	
Error	V2.3	建立或断开连接时,发生错误	
Status	VB10	如果指令置位"Error"输出,Status 输出会显示错误代码	

2)编写工业机器人信号读写程序

可以在 S7-200 SMART PLC 编程软件中编写如图 4-2-14 所示的程序,用于读取工业机器人的 DO(DO03)信号,并向机器人写入 DI(DI14)信号。MBC_MSG 指令用于启动对 Modbus TCP 服务器的请求和处理响应,MBC_MSG 指令的意义见表 4-2-3。

MBC_MSG 指令的意义

表 4-2-3

MBC_MSG_0 各引脚名称	连接符号 或设定值	意　义	备　注
EN	SM0.0 常开点	使能:同一时刻只能有一条 MB_Client_MSG 指令使能,EN 输入参数必须一直接通到 MB_Client_MSG 指令 Done 位被置 1	
First	SM0.0 常开点	读写请求:每一条新的读写请求需要使用信号沿触发	
RW	0	读请求	程序中读工业机器人 DO 信号
	1	写请求	程序中写工业机器人 DI 信号
Addr	10001	读写 Modbus 服务器的 Modbus 地址:10001 至 1XXXX 为开关量输入触点	本例中读机器人 V1000.2(DOXX)
	40001	读写 Modbus 服务器的 Modbus 地址:40001 至 4XXXX 为保持寄存器	本例中向机器人写入 V1020.5(DIXX)
Count	128	DataPtr 数据指针:参数 DataPtr 是间接地址指针,指向 CPU 中与读/写请求相关的数据的 V 存储器地址。对于读请求,DataPtr 应指向用于存储从 Modbus 服务器读取数据的第一个 CPU 存储单元。对于写请求,DataPtr 应指向要发送到 Modbus 服务器数据的第一个 CPU 存储单元	
	8	DataPtr 数据指针:参数 DataPtr 是间接地址指针,指向 CPU 中与读/写请求相关的数据的 V 存储器地址。对于读请求,DataPtr 应指向用于存储从 Modbus 服务器读取数据的第一个 CPU 存储单元。对于写请求,DataPtr 应指向要发送到 Modbus 服务器数据的第一个 CPU 存储单元	

续上表

MBC_MSG_0 各引脚名称	连接符号 或设定值	意 义	备 注
Done		完成位:读写功能完成或者出现错误时,该位会自动置1。多条 MBC_MSG 指令执行时,可以使用该完成位激活下一条 MBC_MSG 指令的执行	
Error	VB10	错误代码,只有在 Done 位为1时错误代码有效	

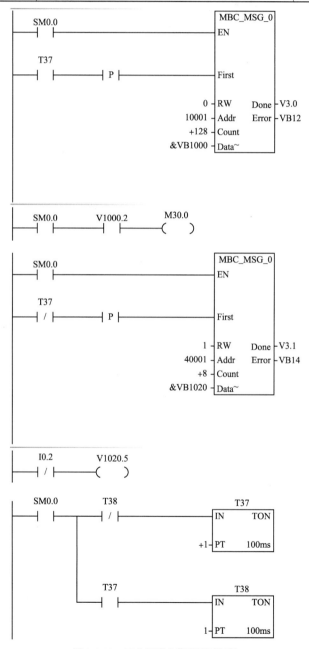

图 4-2-14 工业机器人信号读写程序

3. 工业机器人信号配置

1）配置工业机器人 DO 信号

（1）依次按键操作：【MENU】（菜单）—【I/O】（信号）—【ENTER】确认；

（2）依次按键操作：【F1】TYPE（类型）—数字输入输出—【F3】IN/OUT，切换为如图 4-2-15 所示数字输出界面；

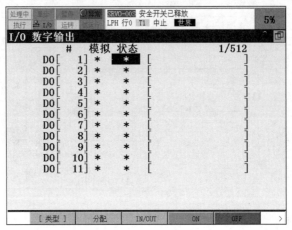

图 4-2-15　数字输出

（3）按键操作【F2】分配，进入 DO 信号分配界面进行 DO 信号配置，如图 4-2-16 所示；

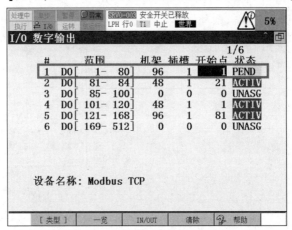

图 4-2-16　数字输出分配

（4）设置软件端口的范围（例：1～80）、机架号 96（Modbus TCP）、插槽 1、开始点 1（PLC 输入的第一个信号分配给 DO1），当状态显示为 PEND 时分配成功重启生效，这里先不做重启操作。

2）配置工业机器人 DI/UI 信号

（1）首先进行数字输出 DI 信号配置，按键操作【F3】IN/OUT，将界面切换至数字输出分配，如图 4-2-17 所示；

（2）设置软件端口的范围（例：1～80）、机架号 96（Modbus TCP）、插槽 1、开始点 1（PLC 输出的第一个信号分配给 DI1），当状态显示为 PEND 时分配成功重启生效，这里先不做重启操作；

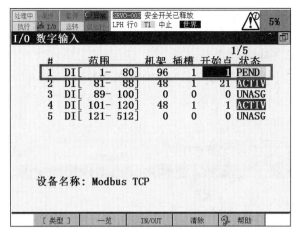

图 4-2-17　数字输出分配

（3）依次按键操作：【F1】TYPE（类型）—UOP—【F3】IN/OUT，切换为如图 4-2-18 所示 UOP 输入（UI）界面；

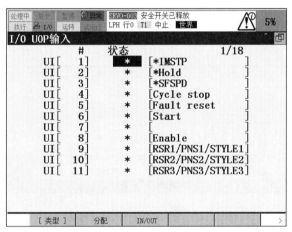

图 4-2-18　UOP 输入

（4）按键操作【F2】分配，进入 UI 信号分配界面，进行 UI 信号配置，如图 4-2-19 所示；

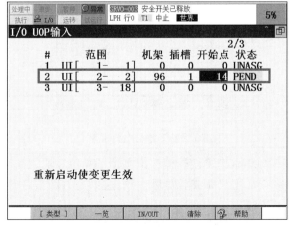

图 4-2-19　UI 分配

（5）设置软件端口的范围、机架号96（Modbus TCP）、插槽1、开始点14（PLC 输出的第14个信号分配给 UI2），当状态显示为 PEND 时分配成功重启生效，这里先不做重启操作。

3）配置工业机器人 GO 信号

（1）依次按键操作：【MENU】（菜单）—I/O（信号）—【ENTER】确认；

（2）依次按键操作：【F1】TYPE（类型）—组—【F3】IN/OUT，切换为如图 4-2-20 所示组输出界面；

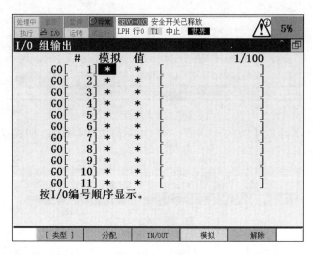

图 4-2-20　组输出 GO

（3）按键操作【F2】分配，进入 GO 信号分配界面，进行 GO 信号配置，如图 4-2-21 所示；

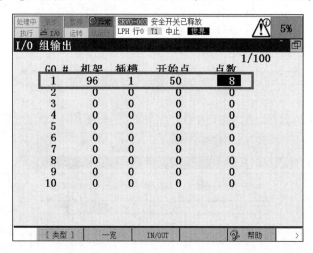

图 4-2-21　组输出 GO 分配

（4）设置机架号96（Modbus TCP）、插槽1、开始点50（PLC 输入从第50 个信号开始）、点数8（设置信号范围50～57），配置完成后重启生效，这里先不做重启操作。

4）配置工业机器人 GI 信号

（1）按键操作【F3】IN/OUT 将界面切换成如图 4-2-22 所示画面；

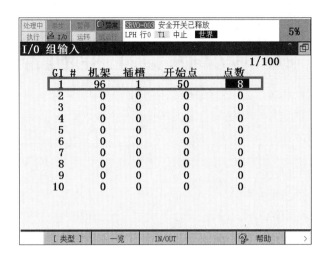

图 4-2-22 组输入 GI

（2）设置机架号 96（Modbus TCP）、插槽 1、开始点 50（PLC 输出从第 50 个信号开始）、点数 8（设置信号范围 50~57），配置完成后重新启动设备。

项 目 小 结

本项目涉及的知识主要有通用 I/O、专用 I/O 以及总线通信等。并分为两个任务进行学习，分别是设定机器人 I/O 通信、设定机器人总线通信，最终要求学生达到会建立工业机器人通信，实现机器人与 PLC 等设备之间的 I/O 通信。

思 考 题

1. 简述工业机器人的 I/O 信号类型与 I/O 设备的通信种类。
2. 配置 I/O 信号，以数字输入信号 DI、输出信号 DO 为例说明配置步骤。

项目五　编辑及执行工业机器人程序

完成本项目学习后,你应能:

1. 了解工业机器人的程序类型;
2. 理解工业机器人程序中断的原因;
3. 理解工业机器人程序中断的状态类型;
4. 掌握工业机器人程序的启动方式;
5. 掌握工业机器人程序的创建、选择、删除、复制和查看;
6. 掌握工业机器人示教和修改点位的方法;
7. 掌握工业机器人指令的插入和编辑;
8. 掌握工业机器人程序的启动、中断和恢复;
9. 掌握工业机器人报警记录查看的方法。

任务一　编辑工业机器人程序

一、管理工业机器人程序

FANUC 机器人程序分为 TP、MACRO、CAREL 等类型。

TP 为一般程序,用示教器可以进行创建、编辑、删除等操作。

MARCO 为宏程序,在设备调试完成后一般无需添加和编辑,需要时宏程序也可在示教器上进行创建、编辑、删除等操作。

CAREL 为系统自带程序,操作者没有编辑权限。

1. 创建程序步骤

(1)按【SELECT】(程序一览)键显示程序目录画面,进入图 5-1-1 所示画面。

(2)按【F2】CREATE(新建),若功能键中无 CREATE(新建)项,按【NEXT】(下页)键切换功能键内容,进入图 5-1-2 所示画面。

(3)移动光标,选择程序命名方式,再使用功能键(F1～F5),输入程序名,如图 5-1-3 所示。

程序命名方式:

Word 默认程序名;

Upper Case 大写;

Lower Case 小写；

Options 符号。

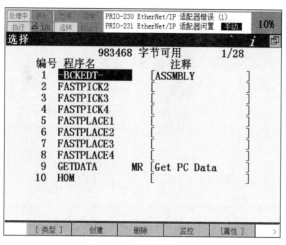

图 5-1-1 程序目录画面

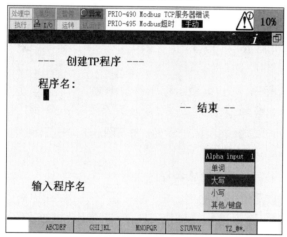

图 5-1-2 新建程序画面

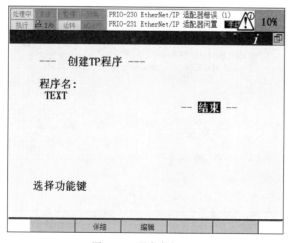

图 5-1-3 程序命名画面

(4)按【ENTER】(回车)键确认,如图5-1-4所示。

图5-1-4 程序命名结束及编辑画面

注:不可以用空格、符号、数字作为程序名的开始字符。不能使用以下程序名:CON,PRN,AUX,NUL,COM1,COM2,COM3,COM4,COM5,COM6,COM7,COM8,COM9,LPT1,LPT2,LPT3,LPT4,LPT5,LPT6,LPT7,LPT8,LPT9。

2.选择程序步骤

(1)按【SELECT】(程序一览)键显示程序目录画面。

(2)移动光标选中需要的程序。

(3)按【ENTER】(回车)键进入编辑界面,进入图5-1-4所示画面。

3.删除程序步骤

(1)按【SELECT】(程序一览)键显示程序目录画面。

(2)移动光标选中要删除的程序名。

(3)按【F3】DELETE(删除)键出现"是否删除?",如图5-1-5所示。

(4)按【F4】YES(是),即可删除所选程序。

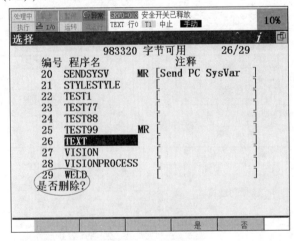

图5-1-5 程序删除画面

4.复制程序步骤

(1)按【SELECT】(程序一览)键显示程序目录画面。

(2)移动光标选中要被复制的程序名(例如:复制程序 TEXT)。

(3)若功能键中无【COPY】(复制)项,按【NEXT】(下页)键切换功能键内容。

(4)按【F1】COPY(复制),进入图 5-1-6 所示画面。

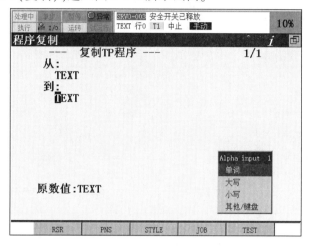

图 5-1-6　程序复制画面

(5)移动光标选择程序命名方式,再使用功能键(F1~F5)输入程序名。

(6)程序名输入完毕,按【ENTER】(回车)键确认,进入图 5-1-7 所示画面。

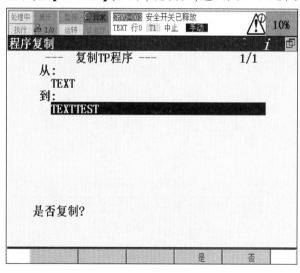

图 5-1-7　程序复制选择画面

(7)按【F4】YES(是)键,即可完成复制程序。

5.查看程序属性步骤

(1)按【SELECT】(程序一览)键显示程序目录(图 5-1-8)。

(2)移动光标选中要查看的程序(例如:程序 TEXT)。

(3)若功能键中无【DETAIL】(详细)项,按【NEXT】(下页)键切换功能键内容。

Creation Date：创建日期；

Modification Date：修改日期；

Copy source：复制源；

Positions：位置数据；

Size：大小；

Program name：程序名；

1 TEXT；

2 Sub Type：子类型；

3 Comment：注释；

Group Mask：组掩码；

4 Write protection：写保护；

5 Ignore pause：忽略暂停；

6 Stack size：堆栈大小；

7 Collection：集合。

图 5-1-8　程序目录

（4）按【F2】DETAIL（详细）键，进入图 5-1-9 所示画面。

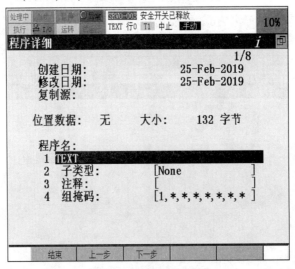

图 5-1-9　程序属性画面

（5）把光标移至需要修改的项（只有 1 ~ 7 项可以修改），按【ENTER】（回车）键或按【F4】CHOICE（选择）键进行修改。

（6）修改完毕，按【F1】END（结束）键，回到【SELECT】（程序一览）界面。

二、编辑工业机器人程序的步骤

1.点位示教步骤

（1）移动光标选中程序名，按【ENTER】（回车）键进入程序编辑界面。

（2）按功能键【F1】POINT（点），若【F1】对应的不是 POINT（点），按【NEXT】（下页）键切换，即可显示出 POINT（点），如图 5-1-10 所示。

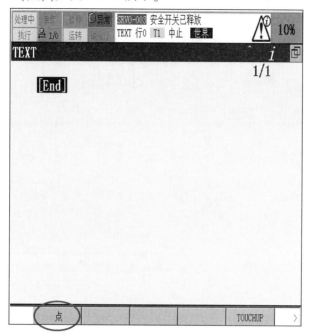

图 5-1-10　程序编辑画面

（3）将机器人手动移动到需求的位置，按下【F1】POINT（点），显示出标准动作指令一览，如图 5-1-11 所示。

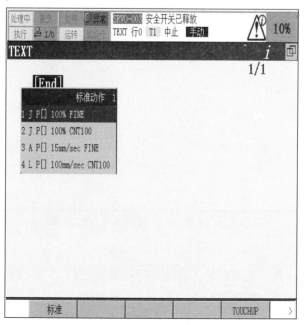

图 5-1-11　标准动作指令一览画面

（4）选择所需要示教的标准动作指令，按下【ENTER】（回车）键，记录现在机器人的位置,即可完成点位示教,如图 5-1-12 所示。

图 5-1-12　点位记录画面

2. 点位修改步骤

(1)将光标移动到欲修改点位的行号上,如图 5-1-13 所示。

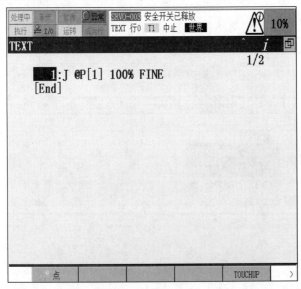

图 5-1-13　点位修改画面

(2)将机器人手动移动到新位置,同时按下【SHIFT】和【F5】TOUCHUP,即可完成点位修改,若【F5】不是显示 TOUCHUP,按【NEXT】(下页)键切换。

(3)按光标键移动到希望修改的动作指令要素(如动作类型、移动速度、定位类型、动作附加)上。

(4)按下【F4】CHOICE(选择)键,可通过辅助菜单修改动作指令要素,如图 5-1-14 所示。

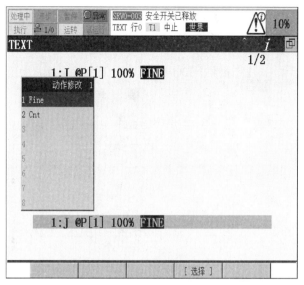

图 5-1-14　修改动作指令要素画面

3. 指令插入(INST)步骤

(1)进入程序编辑界面,按功能键【F1】INST(指令),若【F1】对应的不是 INST(指令),按【NEXT】(下页)键切换,即可显示出 INST(指令),进入图 5-1-15 所示画面。

(2)移动光标选择所需要的指令,按【ENTER】(回车)键确认即可。

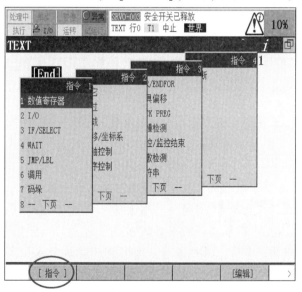

图 5-1-15　指令插入菜单画面

4. 指令编辑(EDCMD)步骤

(1)进入程序编辑界面,按功能键【F5】EDCMD(编辑),若【F1】对应的不是 EDCMD(编辑),按【NEXT】(下页)键切换,即可显示出 EDCMD(编辑),进入图 5-1-16 所示画面。

(2)移动光标选择所需要的指令,按【ENTER】(回车)键确认即可。

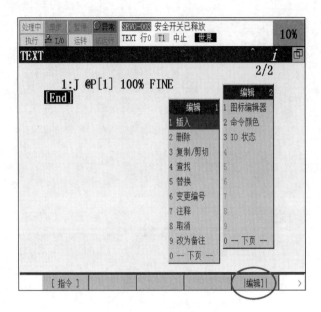

图 5-1-16　指令编辑菜单画面

Insert(插入):将所指定数的空白行插入到现有的程序语句之间。插入空白行后，重新赋予行编号。

Delete(删除):将所指定范围的程序语句从程序中删除。删除程序语句后，重新赋予行编号。

Copy(复制)/Cut(剪切):复制/剪切一连串的程序语句集，然后插入到程序中别的位置。复制/剪切程序语句时，选择复制/剪切源的程序语句范围，将其记录到存储器中。程序语句一旦被复制，可以多次插入到别的位置。

Find(查找):查找所指定的程序指令要素。

Replace(替换):将所指定的程序指令的要素替换为别的要素，例如，在更改了影响程序的设置数据情况下，使用该功能。

Renumber(变更编号):以升序重新赋予程序中的位置编号。位置编号在每次对动作指令进行示教时，自动累加生成。经过反复执行插入和删除操作，位置编号在程序中会显得凌乱无序。通过变更编号，可使位置编号在程序中依序排列。

Comment(注释):可以在程序编辑画面内对以下指令的注释进行显/隐藏切换，但是不能对注释进行编辑:DI 指令、DO 指令、RI 指令、RO 指令、GI 指令、GO 指令、AI 指令、AO 指令、UI 指令、UO 指令、SI 指令，SO 指令;寄存器指令;位置寄存器指令(包含动作指令的位置数据格式的位置寄存器);码垛寄存器指令;动作指令的寄存器速度指令。

Undo(取消):撤销一步操作，可以撤销指令的更改、行插入、行删除等程序编辑操作。若在编辑程序的某一行时执行撤销操作，则相对该行执行的所有操作全部都撤销。此外，在行插入和行删除中，撤销所有已插入的行和已删除的行。

Remark(改为备注):通过指令的备注，就可以不执行该指令，可以对多条指令备注，或者予以解除。被备注的指令，在行的开头显示"//"。

任务二 执行工业机器人程序

一、程序启动方式

FANUC 工业机器人常用的程序启动方式有：示教器启动、操作面板启动、RSR 远程启动、PNS 远程启动，如图 5-2-1 所示。

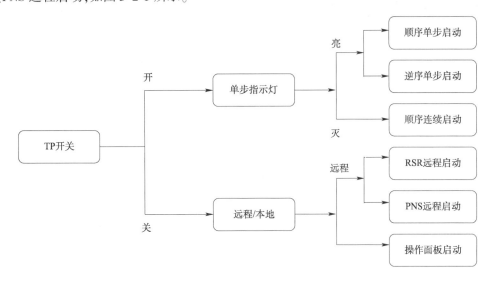

图 5-2-1 程序启动操作流程

1. 启动示教器

FANUC 工业机器人示教器启动方式有：顺序单步启动、顺序连续启动、逆序单步启动。

1）顺序单步启动步骤

（1）控制柜上的模式开关指向 T1 或者 T2，如图 5-2-2 所示。

（2）确认控制柜和示教器上的急停开关转到"ON"（开）状态，如图 5-2-3 所示。

图 5-2-2 模式开关指向画面

图 5-2-3 急停开关

（3）把示教器上的 TP 开关转到"ON"（开）状态，如图 5-2-4 所示。

（4）按【STEP】（单步）键，确认【STEP】（单步）指示亮，如图 5-2-5 所示。

图 5-2-4　TP 开关指向画面　　　　　　　　　图 5-2-5　单步指示画面

（5）按住【DEADMAN】（安全开关），如图 5-2-6 所示。

（6）移动光标到要开始执行的指令行处，如图 5-2-7 所示。

（7）按住【SHIFT】键，每按一下【FWD】（前进）键执行一行指令。程序运行完，机器人停止运动。

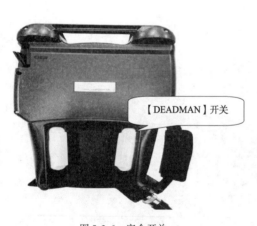

【DEADMAN】开关

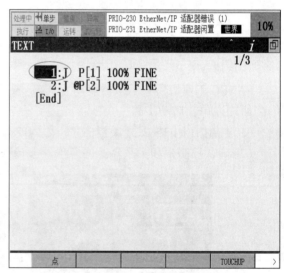

图 5-2-6　安全开关　　　　　　　　　图 5-2-7　光标指向要执行的指令行行号

2）顺序连续启动步骤

（1）控制柜上的模式开关指向 T1 或者 T2，如图 5-2-2 所示。

（2）确认控制柜和示教器上的急停开关转到"ON"（开）状态，如图 5-2-3 所示。

（3）把示教器上的 TP 开关转到"ON"（开）状态，如图 5-2-4 所示。

（4）确认【STEP】（单步）指示灯不亮，若【STEP】（单步）指示灯亮，按【STEP】（单步）键切换指示灯的状态，如图5-2-8所示。

图5-2-8　单步指示画面

（5）按住【DEADMAN】（安全开关），如图5-2-6所示。

（6）移动光标到要开始执行的指令行处，如图5-2-7所示。

（7）按住【SHIFT】键，再按一下【FWD】（前进）键开始执行程序。程序运行完，机器人停止运动。

3）逆序单步启动步骤

（1）控制柜上的模式开关指向T1或者T2，如图5-2-2所示。

（2）确认控制柜和示教器上的急停开关转到"ON"（开）状态，如图5-2-3所示。

（3）把示教器上的TP开关转到"ON"（开）状态，如图5-2-4所示。

（4）按【STEP】（单步）键，确认【STEP】（单步）指示灯亮，如图5-2-5所示。

（5）按住【DEADMAN】（安全开关），如图5-2-6所示。

（6）移动光标到要开始执行的指令行处，如图5-2-7所示。

（7）按住【SHIFT】键，每按一下【BWD】（后退）键开始执行一条指令，执行一条指令后光标逆向向上移动一行。程序运行完，机器人停止运动。

2. 自动运行

自动运行是指外部设备通过信号或者信号组的输入/输出来选择与执行程序。常见的自动运行方式有：操作面板启动、RSR远程启动和PNS远程启动。

1）操作面板启动

（1）操作面板启动运行的条件：

①TP开关置于OFF；

②非单步执行状态；

③模式开关指向AUTO挡；

④自动模式为【LOCAL】(本地控制);

⑤UI[1]～UI[3]为 ON;

⑥UI[8] * ENBL(使能)为 ON;

⑦伺服电源已经接通(非报警状态)。

第④项条件设置步骤:

a. 依次按键操作【MENU】(菜单)—【NEXT】(下页)—【SYSTEM】(系统)—【F1】TYPE(类型)—【CONFIG】(配置);

b. 将【REMOTE/LOCAL SET UP】(远程/本地 设置)设为【LOCAL】(本地控制)。

注:若菜单中没有【CONFIG】(配置)项,依次按键操作【MENU】(菜单)—【NEXT】(下页)—【SYSTEM】(系统设定)—【F1】TYPE(类型)—【VARIABLES】(变量),将【$MASTER_ENB】置1。

(2)操作面板启动步骤:

①选择要执行的程序;

图 5-2-9　循环启动按钮

②按控制柜上的循环启动按钮,如图 5-2-9 所示,即可执行选择的程序。

2)RSR 远程启动

(1)RSR 启动运行的条件:

①TP 开关置于 OFF;

②非单步执行状态;

③模式开关指向 AUTO 挡;

④【ENABLE UI SIGNAL】(UI 信号有效)为 TURE(有效);

⑤自动模式为【REMOTE】(远程控制);

⑥UI[1]～UI[3]为 ON;

⑦UI[8] * ENBL(使能)为 ON;

⑧【$RMT_MASTER】(系统变量)为 0(默认值是 0);

⑨伺服电源已经接通(非报警状态)。

第④⑤项条件设置步骤:

a. 依次按键操作【MENU】(菜单)—【NEXT】(下页)—【SYSTEM】(系统)—【F1】TYPE(类型)—【CONFIG】(配置);

b. 将【ENABLE UI SIGNALS】(专用外部信号)设为 TRUE(启用);

c. 将【REMOTE/LOCAL SET UP】(远程/本地设置)设为【REMOTE】(远程控制)。

第⑧项条件设置步骤:

依次按键操作:【MENU】(菜单)—【NEXT】(下页)—【SYSTEM】(系统设定)—【F1】TYPE(类型)—【VARIABLES】(变量),将【$RMT_MASTER】(系统变量)置0。

注:【$RMT_MASTER】(系统变量)定义下列远端设备:0 外围设备、1 显示器/键盘、2 主控计算机、3 无外围设备。

(2)RSR 启动运行的特点:

①机器人 RSR 启动请求从外部装置启动程序;

②当一个程序正在执行或中断,被选择的程序处于等待状态,一旦原先的程序停止,就开始运行被选择的程序;

③只能选择 8 个程序(RSR1~RSR8);

④使用 8 个机器人启动请求信号(RSR1~RSR8)输入信号。

(3)RSR 程序命名要求:

①程序名必须为 7 位。

②由 RSR+4 位程序号组成,程序号=RSR 记录号+基数(不足以零补齐)。

③RSR 程序号设置步骤:

a. 依次按键操作:【MENU】(菜单)—【SET UP】(设置)—【F1】TYPE(类型)—【Prog Select】(选择程序);

b. 光标移到程序选择模式处,按【F4】CHOICE(选择),选择 RSR,如图 5-2-10 所示;

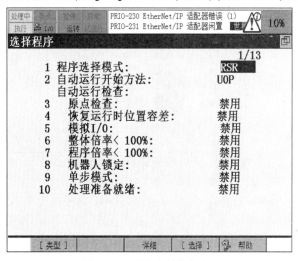

图 5-2-10 程序选择模式画面

c. 按【F3】DETAIL(详细),进入图 5-2-11 所示画面;

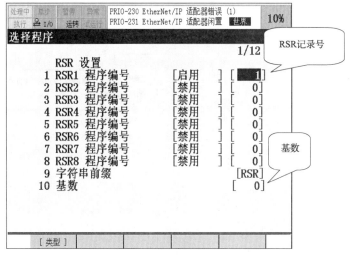

图 5-2-11 RSR 设置画面

d.光标移到记录号处,对相应的 RSR 程序编号输入记录号,并将【DISABLE】(禁用)改为【ENABLE】(启用),如图 5-2-11 所示;

e.光标移到基数处,输入基数,如图 5-2-11 所示。

(4)RSR 启动信号设置步骤:

①依次按键操作:【MENU】(菜单)—【I/O】(信号)—【F1】TYPE(类型)—【UOP】(外部信号);

②按【F3】IN/OUT(输入/输出)可在 UI/UO 间切换;

③根据 RSR 程序命名要求,将外部信号 UI 置 1,如图 5-2-12 所示。

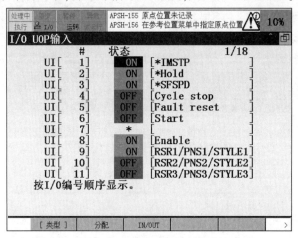

图 5-2-12　外部输入 UI 画面

例:创建程序名为 RSR0003,输入基数 0,则在 RSR1 程序编号输入记录号 3,将 UI[9]置 1,程序自动运行。

注:UI[9]对应 RSR1 程序编号,UI[10]对应 RSR2 程序编号,依次类推。

(5)RSR 启动运行时序图如图 5-2-13 所示。

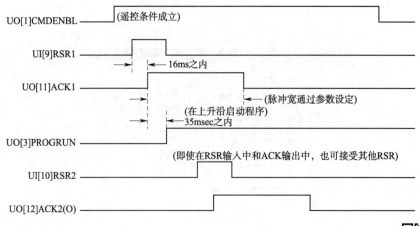

图 5-2-13　RSR 启动运行时序图

3)PNS 远程启动

(1)PNS 启动运行的条件:

PNS 启动运行的条件与 RSR 启动运行的条件相同。

（2）PNS 启动运行的特点：

①机器人 RSR 启动请求从遥控装置启动程序；

②当一个程序被中断或执行，这些信号被忽略；

③自动开始操作信号（PROD_START）：从第一行开始执行被选择的程序，当一个程序被中断或执行，这个信号不被接受；

④最多可以选择 255 个程序；

⑤程序号码从选择信号（PNS1～PNS8 和 PNSTROBE）中选择一个程序；

⑥PNS 程序号码通过 8 个输入信号（PNS1～PNS8）来指定；

⑦控制装置通过 PNSTROBE 脉冲输入将 PNS1～PNS8 输入信号作为 2 进制数读出；

⑧PNSTROBE 脉冲输入处于 ON 期间，不能通过示教器选择程序。

（3）PNS 程序命名要求：

①程序名必须为 7 位；

②由 PNS＋4 位程序号组成，程序号＝PNS 号＋基数（不足以零补齐）；

③PNS 程序名设置步骤：

a. 依次按键操作：【MENU】（菜单）—【SET UP】（设置）—【F1】TYPE（类型）—【Prog Select】（选择程序）；

b. 光标移到程序选择模式处，按【F4】CHOICE（选择），选择 PNS，如图 5-2-14 所示；

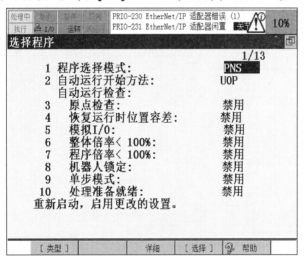

图 5-2-14　程序选择模式画面

c. 按【F3】DETAIL（详细），进入图 5-2-15 所示画面；

d. 光标移到基数处，输入基数，如图 5-2-15 所示。

（4）PNS 启动信号设置步骤：

①依次按键操作：【MENU】（菜单）—【I/O】（信号）—【F1】TYPE（类型）—【UOP】（外部信号）；

②按【F3】IN/OUT（输入/输出）可在 UI/UO 间切换；

③根据 PNS 程序命名要求，将外部信号 UI 置 1，如图 5-2-12 所示。

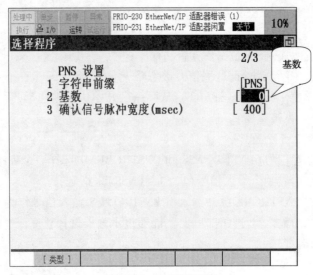

图 5-2-15　PNS 设置画面

例:创建程序名为 PNS0007,输入基数 0,则 PNS 号为 7,将 PNS 号 7(十进制)转换为00000111(二进制),则 UI[9]置 1,UI[10]置 1,UI[11]置 1,程序自动运行。

注:UI[9]对应 PNS1 程序编号,UI[10]对应 PNS2 程序编号,依次类推。

(5)PNS 启动时序图如图 5-2-16 所示。

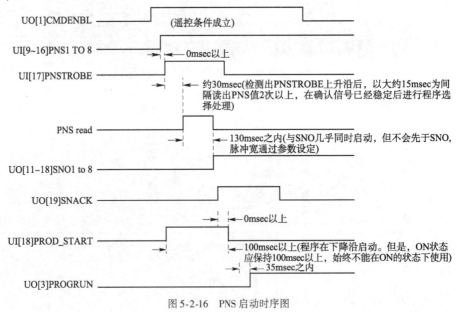

图 5-2-16　PNS 启动时序图

二、中断程序的执行

1.程序中断的状态类型

1)强制中止

强制中止 TP 屏幕将显示程序的执行状态为:ABORTED(中止),如图 5-2-17 所示。

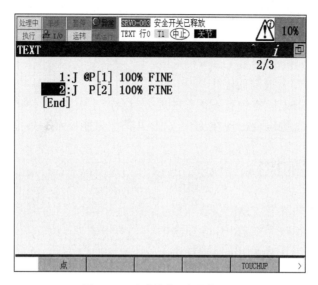

图 5-2-17　程序结束运行状态画面

2）暂停

暂停 TP 屏幕将显示程序的执行状态为：PAUSED（暂停），如图 5-2-18 所示。

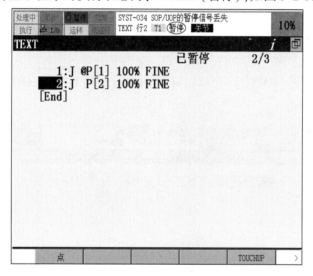

图 5-2-18　程序暂停执行状态画面

2. 程序中断的原因

1）人为中断程序的运行

（1）中断状态为中止。

①将 CYCLE STOP（系统终止）信号置 1；

②按 TP 上的【FCTN】（功能）键，选择 1【ABORT（ALL）】（中止程序）。

（2）中断状态为暂停。

①按 TP 上的紧急停止按钮；

②按控制面板上的紧急停止按钮；

③释放【DEADMAN】（安全开关）；

④将 IMSTP(系统紧急停止)信号置 1;

⑤按 TP 上的【HOLD】键;

⑥系统 HOLD(暂停)信号置 1。

2)程序运行中因发生报警而停止

当程序运行或机器人操作中有不正确的地方时会产生报警,并使机器人停止执行任务,以确保安全。实时的报警码会出现在 TP 上(TP 屏幕上只能显示一条报警码)。

三、恢复程序的执行

1.人为中断程序的恢复方法

(1)将 CYCLE STOP(系统终止)信号置 0;

(2)将 IMSTP(系统紧急停止)信号置 0;

(3)将系统 HOLD(暂停)信号置 0;

(4)顺时针旋转 TP 上的紧急停止按钮;

(5)顺时针旋转控制面板上的紧急停止按钮;

(6)按住【DEADMAN】(安全开关);

(7)按 TP 上的【HOLD】键。

2.程序运行中发生报警而停止的恢复方法

1)查看报警记录步骤

(1)依次按键操作:【MENU】(菜单)—【ALARM】(报警)—【ALARM LOG】(报警日志),进入图 5-2-19 所示画面;

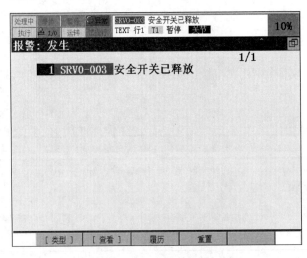

图 5-2-19 报警日志画面

(2)按【F1】TYPE(类型),进入图 5-2-20 所示画面,可选择日志类型;

(3)按【F2】VIEW(查看),进入图 5-2-21 所示画面;

(4)按【F3】HIST(履历),进入图 5-2-22 所示画面,显示当前页报警代码的详细信息;

(5)按【F4】DELETE(清除),清除光标所在行报警代码历史记录;

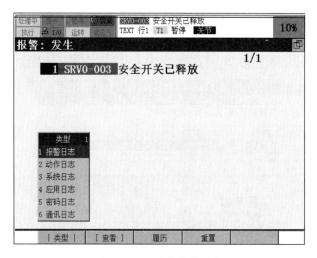

图 5-2-20 日志类型画面

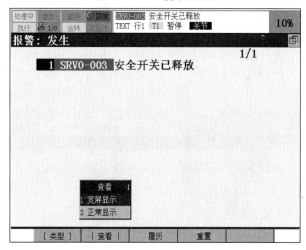

图 5-2-21 报警查看画面

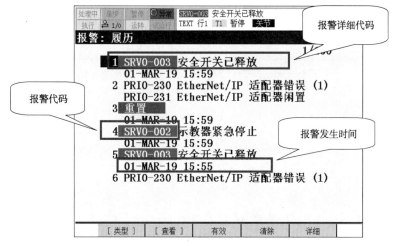

图 5-2-22 当前页报警代码的详细信息画面

（6）按【F5】DETAIL（详细），进入图 5-2-23 所示画面，显示当前光标所在行报警代码的详细信息；

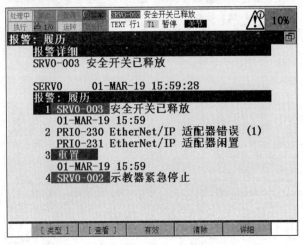

图 5-2-23　当前行报警代码的详细信息画面

（7）按【F3】ACTIVE（有效），返回当前页报警代码的详细信息画面；

（8）按【F4】RES_1CH（重置），进入图 5-2-24 所示画面，可选择是否重置当前页单链异常。

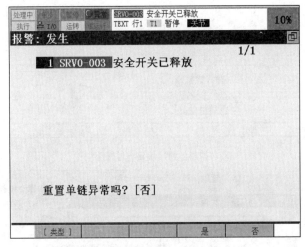

图 5-2-24　报警重置画面

注：一定要将故障消除，按下【RESET】（复位）键才会真正消除报警。有时 TP 上实时显示的报警代码并不是真正的故障原因，这时要通过查看报警记录，才能找到引起问题的报警代码。

2）报警引起的程序中断的恢复步骤

（1）顺时针旋转紧急停止按钮；

（2）按 TP 上的【RESET】（复位）键，消除报警代码，此时 TP 上的 FAULT（故障）指示灯灭；

（3）依次按键操作：【MENU】（菜单）—【NEXT】（下页）—【STATUS】（状态）—【F1】

TYPE（类型）—【EXEC-HIST】（执行历史记录），进入图 5-2-25 所示画面；

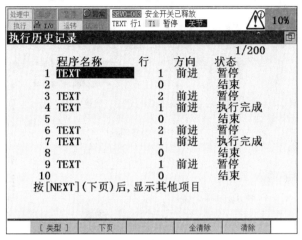

图 5-2-25　程序执行历史记录画面

（4）找出暂停程序当前执行的行号；

（5）进入程序编辑界面；

（6）手动执行到暂停行，找出工业机器人停止原因，例如程序错误；

（7）通过启动信号继续执行程序。

项 目 小 结

本项目涉及的知识主要有工业机器人程序管理、编辑以及启动等。本项目分为两个任务进行学习，分别是编辑工业机器人程序和执行工业机器人程序，最终要求学生达到会创建工业机器人程序，实现工业机器人自动运行。

思 考 题

1. 简述工业机器人程序的类型。

2. 创建一个程序，程序命名为 test1，添加两条运动指令，并将其复制到 test2。

3. 创建一个 RSR0007 的程序，并 RSR 启动。

4. 创建一个 PNS0007 的程序，并 PNS 启动。

项目六 认识工业机器人常用的程序指令及宏指令

学习目标

完成本项目学习后,你应能:

1. 熟悉工业机器人示教器的编辑界面;
2. 掌握工业机器人程序指令/宏指令的指令格式、参数含义及其用法;
3. 能使用工业机器人程序指令/宏指令完成机器人的轨迹控制。

任务一 认识常用的工业机器人程序指令

一、工业机器人示教器的编辑界面

FANUC 机器人示教器编辑界面如图 6-1-1 所示,从上到下分成三个部分:信息提示栏、指令编写栏和功能菜单栏。信息提示栏提示的信息主要有:当前执行的程序名称、当前执行的行号、当前的运行模式、当前程序运行状态等;指令编写栏显示的是当前的程序、程序执行时光标指向当前执行的指令行;功能菜单行有程序编写、编辑等需要的操作功能。

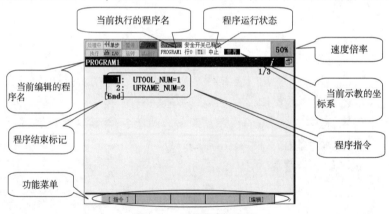

图 6-1-1 示教器编辑画面

二、工业机器人的动作指令

1. 动作指令的介绍

所谓动作指令,是指以指定的移动速度和移动方法使机器人向作业空间内的指定位置移动的指令。动作指令中一般需指定如图 6-1-2 所示内容。

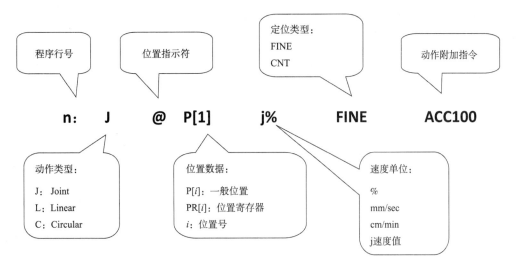

图 6-1-2 动作指令指定内容

动作类型：指定向指定位置的轨迹控制；

位置数据：对机器人将要移动的位置进行示教；

移动速度：指定机器人的移动速度；

定位类型：指定是否在指定位置定位。

1）动作类型

FANUC 工业机器人运动类型有：不进行轨迹控制/姿势控制的关节运动（J）、进行轨迹控制/姿势控制的直线运动（L）以及圆弧运动（C）。

（1）关节运动 J（Joint）。

关节运动是将机器人移动到指定位置的基本移动方法，如图 6-1-3 所示。机器人沿着所有轴同时加速，在示教速度下移动后，同时减速后停止。移动轨迹通常为非线性。在对结束点进行示教时记录动作类型。关节移动速度的指定，从%（相对最大移动速度的百分比）、sec、msec 中选择。关节移动中的工具姿势不受到控制。

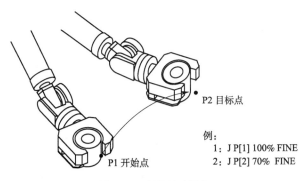

例：
1：J P[1] 100% FINE
2：J P[2] 70% FINE

图 6-1-3 关节运动指令

（2）直线运动 L（Linear）。

直线运动是以线性方式对从动作开始点到结束点的工具中心点移动轨迹进行控制的一种移动方法，如图 6-1-4 所示。在对结束点进行示教时记录动作类型。直线移动速度的指定,从 mm/sec、cm/min、inch/min、sec、msec 中选择。将开始点和目标点姿势进行分割后对直线移动中的工具姿势进行控制。

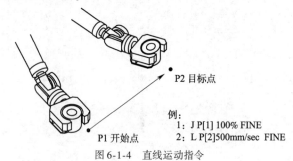

例:
1: J P[1] 100% FINE
2: L P[2]500mm/sec FINE

图 6-1-4　直线运动指令

（3）圆弧运动 C（Circular）。

圆弧运动是从动作开始点通过经由点到结束点以圆弧方式对工具中心点移动轨迹进行控制的一种移动方法,如图6-1-5所示。其在一个指令中对经由点和目标点进行示教。圆弧移动速度的指定,从 mm/sec、cm/min、inch/min、sec、msec 中选择。将开始点、经由点、目标点的姿势进行分割后对圆弧移动中的工具姿势进行控制。

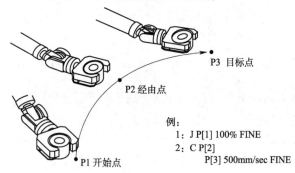

例:
1: J P[1] 100% FINE
2: C P[2]
   P[3] 500mm/sec FINE

图 6-1-5　圆弧运动指令

2）位置数据

（1）P[ ]:一般位置。

例:J P[1] 100% FINE。

（2）PR[ ]:位置寄存器。

例:J PR[1] 100% FINE。

3）速度单位

在移动速度中指定的单位,根据运动指令所示教的运动类型而不同。所示教的移动速度不可以超出工业机器人的允许值,示教速度不匹配的情况下,系统会发出报警。

（1）J P[1] 50% FINE。动作类型为关节运动的情况下,按如下方式指定。

①在 1%～100% 的范围内指定相对最大移动速度的比率。

②单位为 sec 时,在 0.1～3200 sec 范围内指定移动所需时间,在移动时间较为重要的情况下进行指定。此外,有的情况下不能按照指定时间进行动作。

③单位为 msec 时,在 1～32000 msec 范围内指定移动所需时间。

（2）L P[1] 100mm/sec FINE。动作类型为直线运动、圆弧运动或者 C 圆弧运动的情况下,按如下方式指定。

①单位为 mm/sec 时,在 1～2000mm/sec 之间指定。

②单位为 cm/min 时,在 1～12000cm/min 之间指定。

③单位为 inch/min 时,在 0.1～4724.4inch/min 之间指定。

④单位为 sec 时,在 0.1～3200sec 范围内指定移动所需时间。

⑤单位为 msec 时,在 1～32000msec 范围内指定移动所需时间。

（3）L P[1] 50deg/sec FINE。移动方法为在工具中心点附近回转移动的情况下,按如下方式指定。

①单位为 deg/sec 时,在 1～272deg/sec 之间指定。

②单位为 sec 时,在 0.1～3200sec 范围内指定移动所需时间。

③单位为 msec 时,在 1～32000msec 范围内指定移动所需时间。

4）定位类型

根据定位类型,定义动作指令中的机器人的动作结束方式。标准情况下,定位类型有两种。

例：

$$\begin{cases} \text{FINE} \\ \text{CNT}(0～100) \end{cases}$$

1：J P[1] 100% FINE

2：L P[2] 200mm/sec CNT100

3：J P[3] 100% FINE

［END］

（1）移动速度和速度倍率一定（图 6-1-6）。

R-J3 / R-J3iB / R-30iA / R-30iB 控制柜。

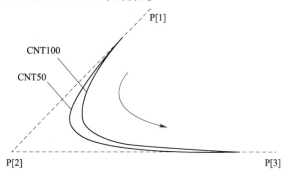

图 6-1-6 移动速度和速度倍率一定

（2）CNT 值一定（图 6-1-7、图 6-1-8）。

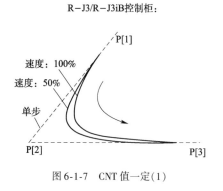

图 6-1-7 CNT 值一定（1）

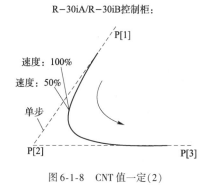

图 6-1-8 CNT 值一定（2）

注一：

（1）绕过工件的运动使用 CNT 作为运动定位类型，可以使机器人的运动看上去更连贯。

（2）当机器人手爪的姿态突变时，会浪费一些运行时间，当机器人手爪的姿态逐渐变化时，机器人可以运动的更快。

注二奇异点（MOTN-23 STOP In Singularity）：

（1）MOTN –23 STOP In singularity 表示机器人 J5 轴在接近 0° 位置。

（2）当示教中产生该报警，可以使用 JOINT（关节坐标）将 J5 轴调开 0° 的位置，按 RESET 键即可消除该报警。

（3）当运行程序机器人时产生该报警，可以将动作指令的动作类型改为 J，或者修改机器人的位置姿态，以避免奇异点位置，也可以使用附加动作指令（Wjnt）。

2. 动作指令的示教

1）方法一

（1）将 TP 开关转到 ON（关）状态；

（2）进入编辑界面；

（3）移动机器人到所需要位置；

（4）按住【SHIFT】键 +【F1】POINT（点）键，如图 6-1-9 所示；

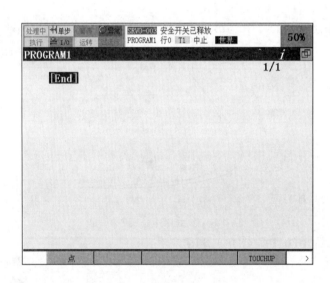

图 6-1-9　指令编辑画面（1）

（5）编辑界面内容将生成动作指令，如图 6-1-10 所示。

2）方法二

（1）进入编辑界面；

（2）按【F1】POINT（点），出现图 6-1-11 所示画面；

（3）移动光标选择合适的动作指令格式，按【ENTER】（回车）确认，生成动作指令，将当前机器人的位置记录下来，如图 6-1-12 所示。

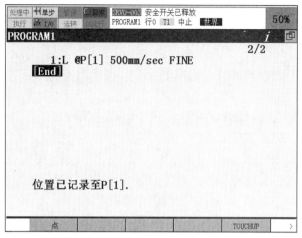

图 6-1-10　指令编辑画面(2)

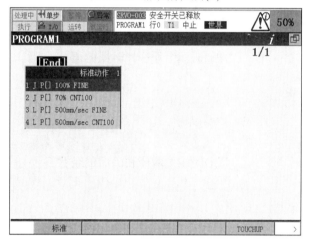

图 6-1-11　指令编辑画面(3)

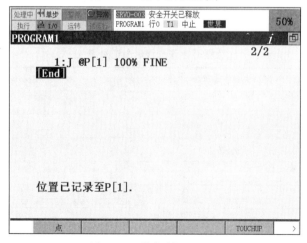

图 6-1-12　指令编辑画面(4)

注: 此后通过【SHIFT】+【POINT】(点)记录的动作指令都将使用当前所选的默认格式,直到选择其他的格式为默认格式。

三、工业机器人的寄存器指令

寄存器指令是进行寄存器的算术运算的指令。寄存器支持" + "" – "" * ""/"四则运算和多项式。

常用寄存器的类型分为:数值寄存器 R[i]、位置寄存器 PR[i,j]。

其中,$i = 1, 2, 3 \cdots\cdots$,为寄存器号。

1. 数值寄存器指令 R[i]

数值寄存器指令是进行寄存器算术运算的指令。数值寄存器用来存储某一整数值或小数值的变量。标准情况下提供有 200 个数值寄存器。

R[i]包括:	Constant 常数;
	R[i] 寄存器的值;
	PR[i] 位置寄存器的值;
	DI[i] 信号的状态;
	Tiner[i] 程序计时器的值。
R[i]支持:	+ 加;
	– 减;
	* 乘;
	/ 除;
	MOD 两值相除后的余数;
	DIV 两值相除后的余数。

2. 位置寄存器指令 PR[i]

位置寄存器指令,是进行位置寄存器的算术运算的指令。位置寄存器指令可进行代入、加算、减算处理,以与寄存器指令相同的方式记述。

位置寄存器是记录位置信息的寄存器,见表 6-1-1,可以进行加减运算,用法和数值寄存器类似。

位置寄存器位置信息记录表   表 6-1-1

	Lpos(直角坐标)	Jpos(关节坐标)
$j = 1$	X	J1
$j = 2$	Y	J2
$j = 3$	Z	J3
$j = 4$	W	J4
$j = 5$	P	J5
$j = 6$	R	J6

3. 寄存器值的查看与指令添加

1)数值寄存器值的查看

数值寄存器值查看的步骤:

(1)按【Data】(资料)键,再按【F1】(TYPE)(类型)出现如图6-1-13所示内容。

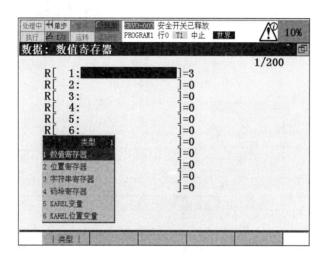

图6-1-13 数值寄存器值查看画面(1)

(2)移动光标选择Registers(数值寄存器),按【ENTER】(回车)键,如图6-1-14所示。

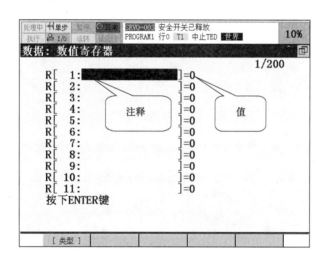

图6-1-14 数值寄存器值查看画面(2)

(3)把光标移至寄存器号后,按【ENTER】(回车)键,输入注释。

(4)把光标移到值处,使用数字键可直接修改数值。

2)位置寄存器值的查看

位置寄存器值查看的步骤:

(1)按【Data】(资料)键,再按【F1】(TYPE)(类型)出现如图6-1-15所示内容。

(2)移动光标选择Position Reg(位置寄存器),按【ENTER】(回车)键,如图6-1-16所示。

(3)把光标移至寄存器号后,按【ENTER】(回车)键,输入注释。

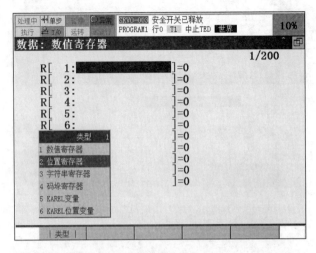

图 6-1-15 位置寄存器值查看画面(1)

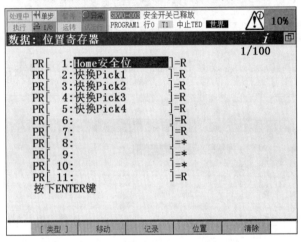

图 6-1-16 位置寄存器值查看画面(2)

(4)把光标移到值处,按【F4】POSITION(位置)键,显示具体数据信息,如图 6-1-17 所示。

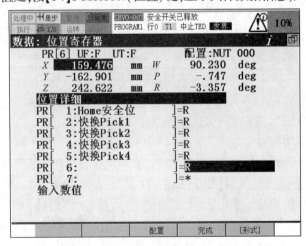

图 6-1-17 位置寄存器值查看画面(3)

（若值显示为 R，则表示记录具体数据，若值显示为＊，则表示未示教记录任何数据）。

（5）按【F5】REPRE（形式）键，移动光标到所需要的项并按【ENTER】（回车）键，或通过数字键，可以切换数据形式，如图 6-1-18 所示。

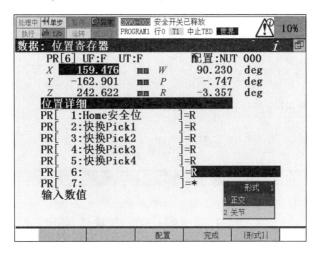

图 6-1-18 位置寄存器值查看画面（4）

Cartesian：直角坐标；

Joint：关节坐标。

（6）把光标移至数据，可以用数字键直接修改数据。

3）寄存器指令的添加

寄存器在程序中的添加步骤：

（1）进入编辑界面。

（2）按【F1】INST（指令）键，显示控制指令一览，如图 6-1-19 所示。

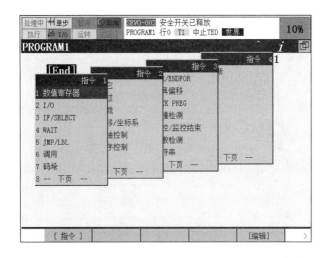

图 6-1-19 指令选择画面

（3）选择 Registers（寄存器计算指令），按【ENTER】（回车）键确认，如图 6-1-20 所示。

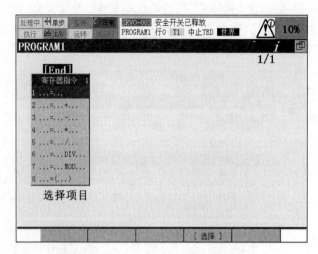

图 6-1-20　寄存器指令画面(1)

(4)选择所需要的指令格式,按【ENTER】(回车)键确认,如图 6-1-21 所示。

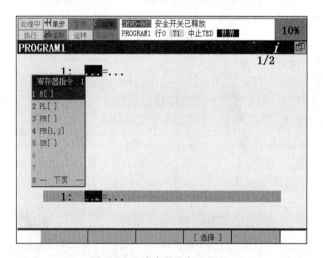

图 6-1-21　寄存器指令画面(2)

(5)根据光标位置选择相应的项,输入值。

四、工业机器人的I/O指令

I/O(输入/输出信号)指令,是改变向外围设备的输出信号状态,或读出输入信号状态的指令。常用I/O指令有:(系统)数字 I/O 指令、机器人(数字)I/O 指令、模拟 I/O 指令、组 I/O 指令。

1.数字 I/O 指令的介绍

数字输入(DI)和数字输出(DO)指令,是用户可以控制的输入/输出信号。

(1)R$[i]$ = DI$[i]$。R$[i]$ = DI$[i]$指令,将数字输入的状态(ON = 1、OFF = 0)存储到寄存器中,如图 6-1-22 所示。

$$R [i] = DI [i]$$

寄存器号码（1~200）———————— 数字输入信号号码

图 6-1-22　R[i]=DI[i]指令

例：

①R [1] = DI [1]；

②R[R[3]] = DI [R[4]]。

（2）DO[i] = ON/OFF。DO[i] = ON/OFF 指令，接通或者断开所指定的数字输出信号，如图 6-1-23 所示。

$$DO [i] = （值）$$

数字输出信号号码————

ON：接通数字输出信号

OFF：断开数字输出信号

图 6-1-23　DO[i] = ON/OFF 指令

例：

①DO [1] = ON；

②DO [R[3]] = OFF。

（3）DO[i] = PULSE,[时间]。DO[i] = PULSE,[时间]指令，仅在所指定的时间内接通所指定的数字输出信号。在没有指定时间的情况下，脉冲输出由 $DEFPULSE（单位 0.1sec）所指定的时间，如图 6-1-24 所示。

$$DO [i]= PULSE,（值）$$

数字输出信号号码———

脉冲输出时间宽幅（sec）

（0.1~25.5sec）

图 6-1-24　DO[i] = PULSE,[时间]指令

例：

①DO [1] = PULSE；

②DO [2] = PULSE,0.2sec；

③DO [R[3]] = PULSE,1.2sec。

（4）DO[i] = R[i]。DO[i] = R[i]指令，根据所指定的寄存器的值，接通或者断开所指定的数字输出信号。若寄存器的值为 0 就断开，若是 0 以外的值就接通，如图 6-1-25 所示。

$$DO [i] = R[i]$$

数字输出信号号码———

位置寄存器号码（1~200）

图 6-1-25　DO[i] = R[i]指令

例：

①DO [1] = R [2]；

②DO [R[5]] = R [R[1]]。

2. 机器人 I/O 指令的介绍

机器人输入（RI）和机器人输出（RO）指令，是用户可以控制的输入/输出信号。

（1）R[i]=RI[i]。R[i]=RI[i]指令，将机器人输入的状态（ON=1,OFF=0）存储到寄存器中，如图6-1-26所示。

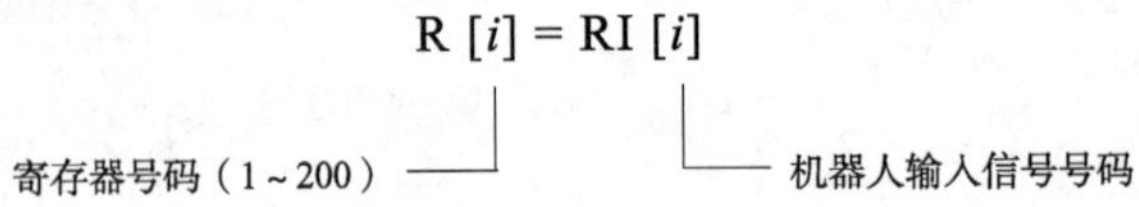

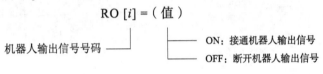

图6-1-26　R[i]=RI[i]指令

例：

①R[1]=RI[1]；

②R[R[3]]=RI[R[4]]。

（2）RO[i]=ON/OFF。RO[i]=ON/OFF指令，接通或者断开所指定的机器人数字输出信号，如图6-1-27所示。

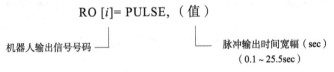

图6-1-27　RO[i]=ON/OFF指令

例：

①RO[1]=ON；

②RO[R[3]]=OFF。

（3）RO[i]=PULSE,[时间]。RO[i]=PULSE,[时间]指令，仅在所指定的时间内接通输出信号。在没有指定时间的情况下，脉冲输出由$DEFPULSE（单位0.1sec）所指定的时间，如图6-1-28所示。

RO[i]= PULSE,（值）

机器人输出信号号码 ——　　　脉冲输出时间宽幅（sec）

（0.1~25.5sec）

图6-1-28　RO[i]=PULSE,[时间]指令

例：

①RO[1]=PULSE；

②RO[2]=PULSE,0.2sec；

③RO[R[3]]=PULSE,1.2sec。

（4）RO[i]=R[i]。RO[i]=R[i]指令，根据所指定的寄存器的值，接通或者断开所指定的数字输出信号。若寄存器的值为0就断开，若是0以外的值就接通，如图6-1-29所示。

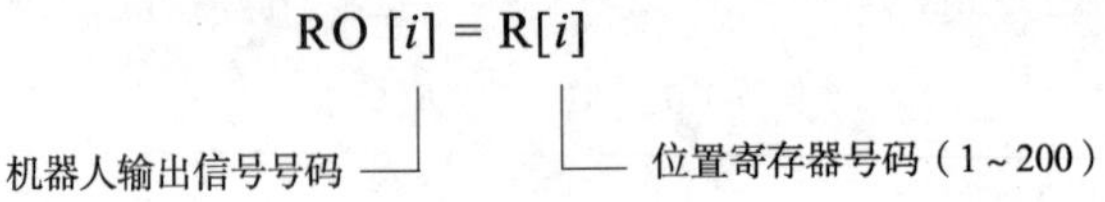

RO[i] = R[i]

机器人输出信号号码 ——　　　位置寄存器号码（1~200）

图6-1-29　RO[i]=R[i]指令

例：

①RO[1]=R[2]；

②RO[R[5]]=R[R[1]]。

3. 模拟 I/O 指令的介绍

模拟输入(AI)和模拟输出(AO)指令,是连续值的输入/输出信号,表示该值的大小为温度和电压之类的数据值。

(1)R[i]=AI[i]。R[i]=AI[i]指令,将模拟输入信号的值存储在寄存器中,如图 6-1-30 所示。

$$R\ [i] = AI\ [i]$$

寄存器号码(1~200)————　　　————数字输入信号号码

图 6-1-30　R[i]=AI[i]指令

例:

①R[1] = AI[1];

②R[R[3]] = AI[R[4]]。

(2)AO[i]=(值)。AO[i]=(值)指令,向所指定的模拟输出信号输出值,如图 6-1-31 所示。

$$AO\ [i] = (值)$$

模拟输出信号号码————　　　————模拟输出信号的值

图 6-1-31　AO[i]=(值)指令

例:

①AO[1] = 0;

②AO[R[3]] = 3275。

(3)AO[i]=R[i]。AO[i]=R[i]指令,向模拟输出信号输出寄存器的值,如图 6-1-32 所示。

$$AO\ [i] = R[i]$$

模拟输出信号号码————　　　————位置寄存器号码(1~200)

图 6-1-32　AO[i]=R[i]指令

例:

①AO[1] = R[2];

②AO[R[5]] = R[R[1]]。

4. 组 I/O 指令的介绍

组输入(GI)以及组输出(GO)指令,对几个数字输入/输出信号进行分组,以一个指令来控制这些信号。

(1)R[i]=GI[i]。R[i]=GI[i]指令,将所指定组输入信号的二进制数值转换为十进制的数值,代入所指定的寄存器,如图 6-1-33 所示。

$$R\ [i] = GI\ [i]$$

寄存器号码(1~200)————　　　————组输入信号号码

图 6-1-33　R[i]=GI[i]指令

例：

①R[1] = GI [1]；

②R[R[3]] = GI [R[4]]。

(2) GO[*i*] = (值)。GO[*i*] = (值)指令，将经过二进制变换后的值输出到所指定的群组输出中，如图 6-1-34 所示。

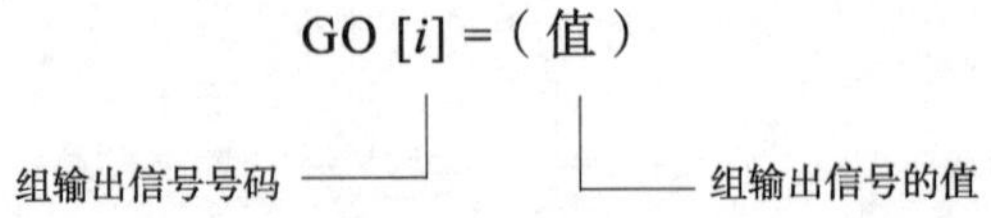

$$GO [i] = (值)$$

组输出信号号码 ———— ———— 组输出信号的值

图 6-1-34　GO[*i*] = (值)指令

例：

①GO [1] = 0；

②GO [R[3]] = 3275。

(3) GO[*i*] = R[*i*]。GO[*i*] = R[*i*]指令，将所指定寄存器的值经过二进制变换后输出到指定的组输出中，如图 6-1-35 所示。

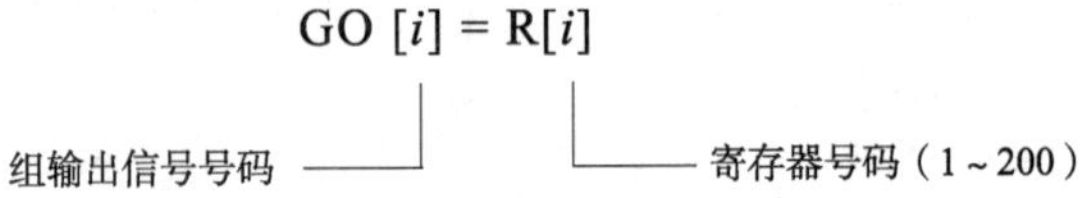

$$GO [i] = R[i]$$

组输出信号号码 ———— ———— 寄存器号码（1~200）

图 6-1-35　GO[*i*] = R[*i*]指令

例：

①GO [1] = R [2]；

②GO [R[5]] = R [R[1]]。

5. I/O 指令在程序中的添加

I/O 指令在程序中的添加步骤：

(1)进入编辑界面。

(2)按【F1】INST(指令)键，显示控制指令一览，如图 6-1-36 所示。

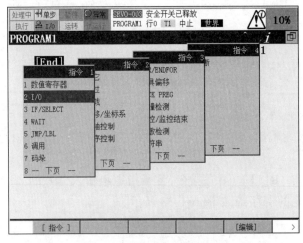

图 6-1-36　指令选择画面

(3)选择 I/O(信号)，按【ENTER】(回车)键确认，如图 6-1-37 所示。

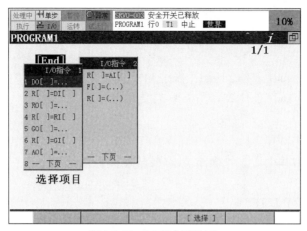

图6-1-37 I/O指令画面(1)

(4)选择I/O(信号),按【ENTER】(回车)键确认,如图6-1-38所示。

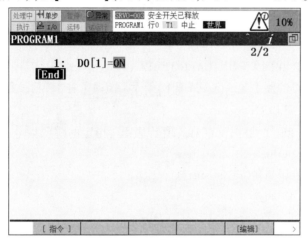

图6-1-38 I/O指令画面(2)

(5)选择所需要的项,按【ENTER】(回车)键确认。

(6)根据光标位置输入值或选择相应的项并输入值。

五、工业机器人条件比较指令与条件选择指令

1.条件比较指令IF

条件比较指令IF:若条件满足,则转移到所指定的跳转指令或子程序调用指令;若条件不满足,则执行下一条指令。

IF	(variable)	(operator)	(value)	,(Processing)
	变量	运算符	值	行为
	R[i]	> > =	Constant(常数)	JMP LBL[i]
	I/O	= < =	R[i]	QCall(program)
		< < >	ON	
			OFF	

可以通过逻辑运算符"or"(或)和"and"(与)将多个条件组合在一起,但是"or"(或)和"and"(与)不能在同一行中使用。

例:

(1)IF〈条件1〉and(条件2)and(条件3)是正确的;

(2)IF〈条件1〉and(条件2)or(条件3)是错误的。

例1:

IF R[1] < 3,JMP LBL[1]

如果满足R[1]的值小于3的条件,则跳转到标签1处。

例2:

IF DI[1] = ON,CALL TEST

如果满足DI[1]等于ON的条件,则调用程序TEST。

例3:

IF R[1] < =3 AND DI[1] < > ON,JMP LBL[2]

如果满足R[1]的值小于等于3及DI[1]不等于ON的条件,则跳转到标签2处。

例4:

IF R[1] > =3 OR DI[1] = ON,CALL TEST2

如果满足R[1]的值大于等于3或DI[1]等于ON的条件,则调用程序TEST2。

2.条件选择指令 SELECT

条件选择指令 SELECT:根据寄存器的值转移到所指定的跳跃指令或子程序调用指令。

SELECT R[i] = (value)(Processing)

= (value)(Processing)

= (value)(Processing)

ELSE(Processing)

注:

(1)Value:值为 R[ ]或 Constant(常数)。

(2)Processing:行为为 JMP LBL [i]或 Call(program)。

(3)只能用寄存器进行条件选择。

例:

SELECT R[1] =1,CALL TEST1　　满足条件 R[1] =1,调用 TEST1 程序

= 2,JMP LBL[1]　　满足条件 R[1] =2,跳转到 LBL[1]执行程序

ELSE,JMP LBL[2]　　否则,跳转到 LBL[2]执行程序

3.条件比较指令与条件选择指令的使用步骤

条件比较指令与条件选择指令的使用步骤:

(1)进入编辑界面。

(2)按【F1】INST(指令)键,进入指令选择画面,如图6-1-39所示。

(3)选择 IF/SELECT,按【ENTER】(回车)键,显示如图6-1-40所示画面。

(4)选择所需要的项,按【ENTER】(回车)键确认,输入相应的值,完成条件比较指令的编写,如图6-1-41所示。

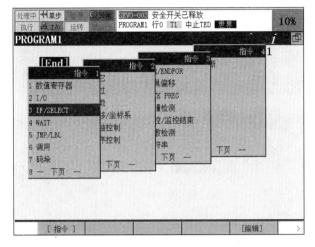

图 6-1-39 指令选择画面

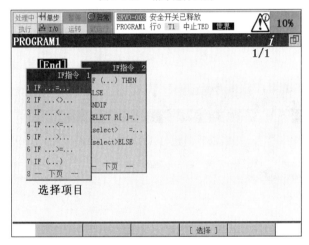

图 6-1-40 IF 指令画面(1)

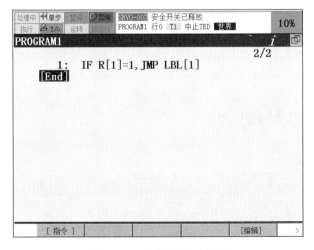

图 6-1-41 条件比较指令示例

（5）选择所需要的项，如图 6-1-42 所示，按【ENTER】（回车）键确认，输入相应的值，完成条件选择指令的编写，如图 6-1-43 所示。

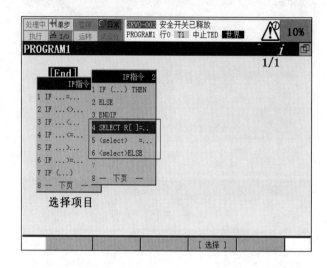

图 6-1-42　IF 指令画面(2)

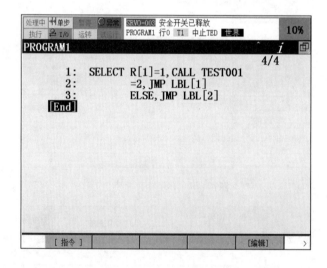

图 6-1-43　条件选择指令示例

六、工业机器人等待指令

1. 等待指令 WAIT

等待指令 WAIT：可以在所指定的时间或条件得到满足之前使程序的执行待命。

WAIT （variable） （operator） （value） （Processing）
　　　　Constant　　　　 >　　　 Constant　　　 无
TIMEROUT LBL［i］

R[i]	> =	R[i]
AI/AO	=	ON
GI/GO	< =	OFF
DI/DO	<	
UI/UO	< >	

注:

(1)可以通过逻辑运算符"or"(或)和"and"(与)将多个条件组合在一起,但是"or"(或)和"and"(与)不能在同一行中使用。

(2)当程序在运行中遇到不满足条件的等待语句,会一直处于等待状态,如需人工干预时,可以通过按【FCTN】(功能)键后,选择7【RELEASE WAIT】(解除等待)跳过等待语句,并在下个语句处等待。

例:

(1)程序等待指定时间。

WAIT 2.00 sec　　等待2s后,程序继续往下执行。

(2)程序等待指定信号,如果信号不满足,程序将一直处于等待状态。

WAIT DI[1] = ON　　等待DI[1]信号为ON,否则,机器人程序一直停留在本行。

2.等待指令的使用步骤

等待指令的使用步骤:

(1)进入编辑界面。

(2)按【F1】INST(指令)键,进入指令选择画面,如图6-1-44所示。

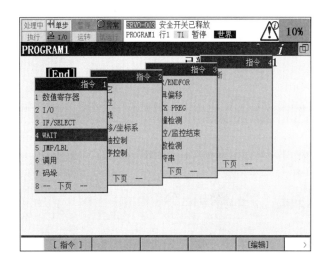

图6-1-44　指令选择画面

(3)选择WAIT(等待),按【ENTER】(回车)键,显示如图6-1-45所示画面。

(4)选择所需要的项,按【ENTER】(回车)键确认,输入相应的值,完成等待指令的编写,如图6-1-46所示。

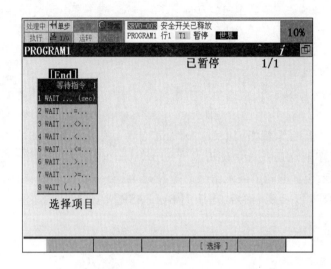

图 6-1-45 等待指令画面

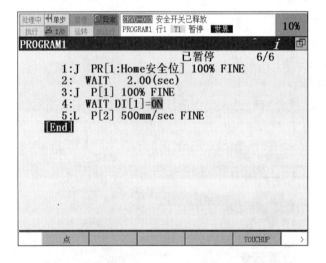

图 6-1-46 等待指令示例

七、工业机器人标签及跳转指令

1.标签指令/跳转指令 LBL [i] / JMP LBL [i]

标签指令:用来表示程序的转移目的地的指令。

    LBL [i : Comment] i:1 to 32766 可使用 32766 个标签指令

                              Comment : 注释(最多 16 个字符)

跳转指令:转移到所指定的标签。

      JMP LBL [i] i:1 to 32766(跳转至标签 i 处)

例：

无条件跳转　　　有条件跳转

JMP LBL[10]　　　LBL[10]

　　⋮　　　　　　　　⋮

LBL [10]　　　　IF……,JMP LBL[10]

2.标签指令/跳转指令的使用步骤

标签指令/跳转指令的使用步骤：

(1)进入编辑界面。

(2)按【F1】INST(指令)键,进入指令选择画面,如图6-1-47所示。

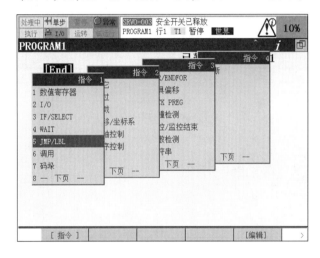

图6-1-47　指令选择画面

(3)选择JMP/LBL(跳转/标签),按【ENTER】(回车)键,显示如图6-1-48所示画面。

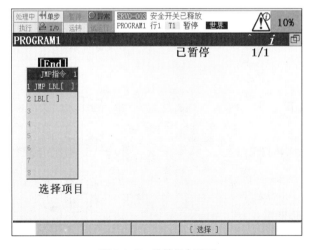

图6-1-48　跳转指令画面

(4)选择所需要的项,按【ENTER】(回车)键确认,输入相应的值,完成跳转指令的编写,如图6-1-49所示。

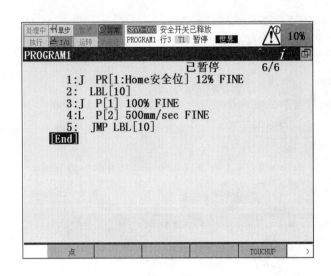

图 6-1-49　跳转指令示例

八、工业机器人程序调用指令

1. 程序调用指令 CALL

程序调用指令 CALL：使程序的执行转移到其他程序（子程序）的第一行后执行该程序。

注：被调用的程序执行结束时，返回到主程序调用指令后的指令。

Call（Program）　　　　Program：程序名

例：PROGRAM1

（1）R[1] = 0	此处，R[1]表示计数器，R[1]的值应先清 0；
（2）J P[1:HOME]100% FINE	回 HOME 点；
（3）LBL[1]	标签 1；
（4）CALL TEST001	调用程序 TEST001；
（5）R[1] = R[1] + 1	R[1]自加 1
（6）IF R[1] <3, JMP LBL[1]	如果 R[1]小于 3，则光标跳转至 LBL[1]处，执行程序；
（7）J P[1:HOME] 100% FINE	回 HOME 点。

2. 程序调用指令的使用步骤

程序调用指令的使用步骤：

（1）进入编辑界面。

（2）按下【F1】INST（指令），进入指令选择画面，如图 6-1-50 所示。

（3）选择 CALL（调用），按【ENTER】（回车）键进入，如图 6-1-51 所示。

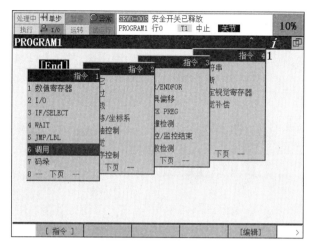

图 6-1-50 指令选择画面

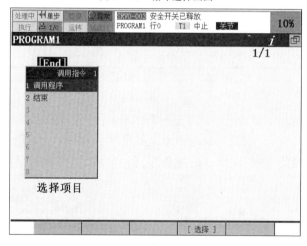

图 6-1-51 调用指令画面

（4）选择 CALL program（调用程序），进入调用程序画面，如图 6-1-52 所示。

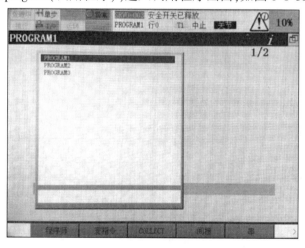

图 6-1-52 调用程序画面

①要调用宏,按下【F2】MACRO(宏),显示宏名称一览。按下【F1】PROGRAM(程序)时,返回程序一览。

②要使用字符串寄存器间接指定调用目的地的程序名,按下【F4】INDIRECT(间接)。

③要直接输入程序名时,按下【F5】STRINGS(字符串),输入程序名。

(5)在所显示的程序中,选择要调用的程序,完成程序的调用,如图6-1-53所示。

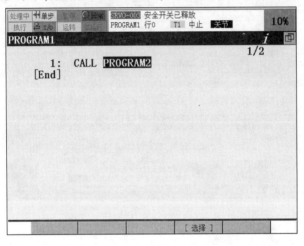

图 6-1-53　程序调用完成画面

(6)将光标指向调用目的地程序名,按下【ENTER】键时,编辑对象就被切换到调用目的地程序。按下【PREV】键时,编辑对象返回原先的程序,如图6-1-54所示。也可以从调用目的地程序进一步切换到下一个调用目的地程序,最多可以切换调用目的地程序5次。每次按下【PREV】键,就返回原先的程序。

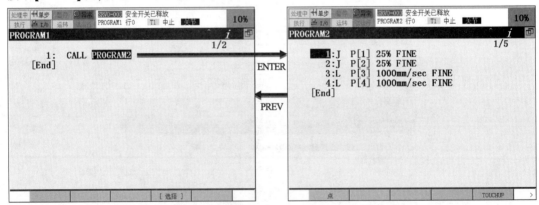

图 6-1-54　进入调用程序和返回原程序

九、工业机器人偏移指令

1. 偏移指令 OFFSET

OFFSET CONDITION PR [i] (偏移条件 PR[i])

通过偏移指令可以将原有的点偏移,偏移量由位置寄存器决定。偏移条件指令一直有效到程序运行结束或者下一个偏移条件指令被执行[注:偏移条件指令只对包含有附加运动指令 OFFSET(偏移)的运动语句有效]。

例：

(1)OFFSET CONDITION PR[1]；

(2)J P[1] 100% FINE（偏移无效）；

(3)L P[2] 500mm/sec FINE offset（偏移有效）。

2.偏移指令的使用步骤

偏移指令的使用步骤：

(1)进入编辑界面。

(2)按下【F1】INST(指令)，如图 6-1-55 所示。

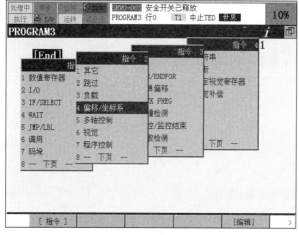

图 6-1-55　指令选择画面

(3)选择 Offset/Frames(设定偏移/坐标)，按【ENTER】键进入，如图 6-1-56 所示。

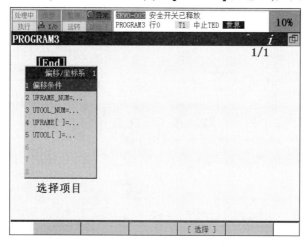

图 6-1-56　偏移/坐标画面

(4)选择 OFFSET CONDITION(偏移 OFFSET 条件)项，按【ENTER】键进入，如图 6-1-57所示。

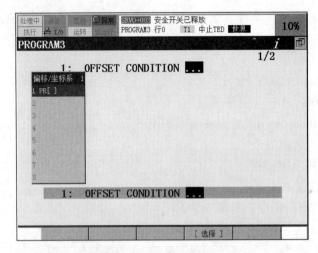

图 6-1-57　选择偏移条件画面

（5）选择 PR[ ]项，并输入偏移的条件号即可。

注： 具体的偏移值可在 DATA（数据）—Position Reg（位置寄存器）中设置。

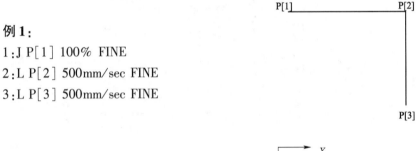

例1：

1：J P[1] 100% FINE

2：L P[2] 500mm/sec FINE

3：L P[3] 500mm/sec FINE

例2：

1：OFFSET CONDITION PR[1]

2：J P[1] 100% FINE

3：L P[2] 500mm/sec FINE offset

4：L P[3] 500mm/sec FINE

例3：

1：J P[1] 100% FINE

2：L P[2] 500mm/sec FINE offset,PR[1]

3：L P[3] 500mm/sec FINE

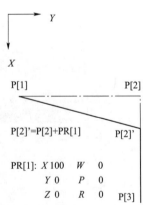

十、工业机器人坐标系选择指令

1. 工具坐标系/用户坐标系选择指令 UTOOL_NUM / UFRAME_NUM

工具坐标系选择指令：改变当前所选的工具坐标系编号。

用户坐标系选择指令：改变当前所选的用户坐标系编号。

例:

(1) UTOOL_NUM = 1　　程序执行该行时,当前工具坐标系(TOOL)号会激活为 1 号;

(2) UFRAME_NUM = 2　　程序执行该行时,当前用户坐标系(USER)号会激活为 2 号。

2. 坐标系选择指令的使用步骤

坐标系选择指令的使用步骤:

(1) 进入编辑界面。

(2) 按【F1】INST(指令)键,进入指令选择画面,如图 6-1-58 所示。

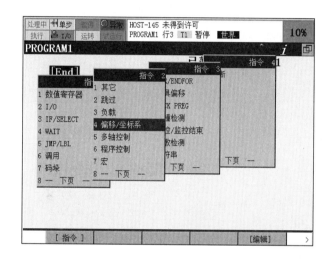

图 6-1-58　指令选择画面

(3) 选择 Offset/Frames(偏移/坐标系),按【ENTER】(回车)键,如图 6-1-59 所示。

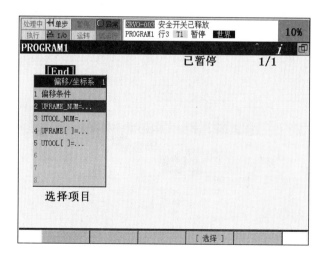

图 6-1-59　偏移/坐标系指令画面

(4) 选择所需要的项,按【ENTER】(回车)键确认,输入相应的值,完成坐标系选择指令的编写,如图 6-1-60 所示。

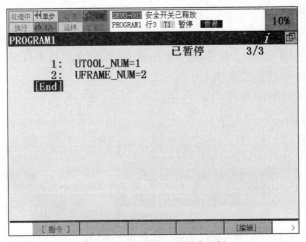

图 6-1-60　坐标系选择指令示例

十一、工业机器人其他指令

1. 其他指令

其他指令包括：

用户报警指令：UALM[i]；

计时器指令：TIMER[i]；

倍率指令：OVERRIDE；

注释指令：！（Remark）；

消息指令：Message[message]。

2. 其他指令的使用步骤

其他指令的使用步骤：

（1）进入编辑界面。

（2）按【F1】INST（指令），进入指令选择画面，如图 6-1-61 所示。

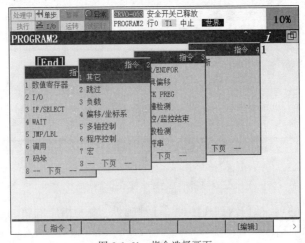

图 6-1-61　指令选择画面

（3）选择 Miscellaneous（其他），按【ENTER】（回车）键进入其他指令画面，如图 6-1-62 所示。

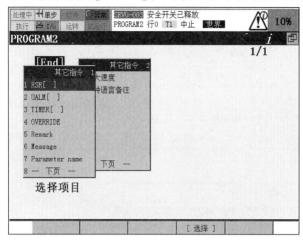

图 6-1-62　其他指令画面

（4）选择所需要的指令项，按【ENTER】（回车）键确认。

（5）输入相应的值/内容。

具体的其他指令的相关知识介绍如下。

1）用户报警指令

UALM[i]　　　i：用户报警号

（1）当程序中执行该指令时，机器人会报警并显示报警消息。

（2）要使用该指令，首先要设置用户报警。

（3）依次按键操作【MENU】（菜单）—SET UP（文件）—【F1】TYPE（类型）—User alarm（用户报警）即可进入用户报警设置画面，如图 6-1-63 所示。

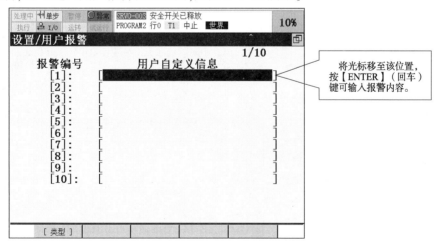

图 6-1-63　用户报警设置画面

2）计时器指令

TIME[i] ＝（Processing）　　　i：计时器号

Processing：START，STOP，RESRT

例：

TIME［1］＝RESET   计时器清零

TIME［1］＝START   计时器开始计时

     ⋮

TIME［1］＝STOP   计时器停止计时

查看计时器时间的步骤：

依次按键操作【MENU】（菜单）—SE TUP（文件）—【0】NEXT（下一页）—STATUE（状态）—【F1】TYPE（类型）—Prg Timer（程序计时器），即可进入程序计时器显示画面，如图6-1-64所示。

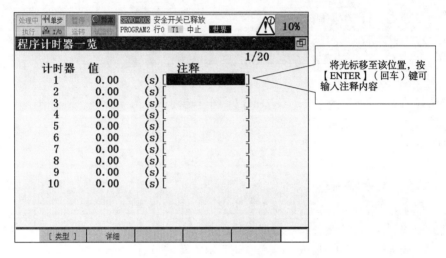

图6-1-64　程序计时器显示画面

3）速度

OVERRIDE ＝（value）%   value ＝1 to 100

4）注释指令

！　　（Remark）

Remark：注释，最多可以有32字符。

5）消息指令

Message［message］

message：消息，最多可以有32字符。

当程序中运行该指令时，屏幕中将会弹出含有message的画面。

任务二　认识工业机器人宏指令

一、宏指令应用方式

宏指令：宏指令是指将若干程序指令集合在一起，一并执行的指令。

宏有以下应用方式：

(1)作为程序中的指令启动；

(2)通过 TP 上的手动操作画面启动；

(3)通过 TP 上的用户键启动；

(4)通过 SDI,RDI,UI 信号启动。

二、设置宏指令

1. 宏指令的启动设备

(1)MF[1]到 MF[99]　　　MANUAL FCTNS 菜单(手动操作菜单)；

(2)UK[1]到 UK[7]　　　　用户键 1 到 7；

(3)SU[1]到 SU[7]　　　　用户键 1 到 7 + SHIFT 键；

(4)SP[4]到 SP[5]　　　　用户按钮 1 和 2；

(5)DI[1]到 DI[9]　　　　数字输入；

(6)RI[1]到 RI[24]　　　　机器人输入。

2. 宏指令的设置方法

创建宏程序(宏程序的创建和普通程序一样)：

(1)依次按键【MENU】(菜单)—SET UP(信号)。

(2)按【F1】TYPE(类型),选择 Macro(宏),进入宏指令设置界面,如图 6-2-1 所示。

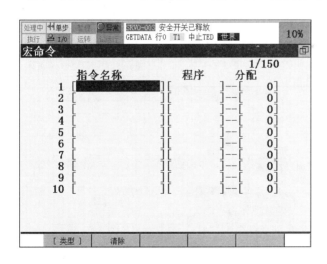

图 6-2-1　宏指令设置画面

(3)将光标移至 Instruction name(指令名称),按【ENTER】(回车)键输入指令名称,如图 6-2-2 所示。

(4)将光标移至 Program(程序),按【F4】CHOICE(选择),选择需要执行的程序,如图 6-2-3 所示。

(5)将光标移至 Assign(分配)的"--"处,按【F4】CHOICE(选择),如图 6-2-4 所示。

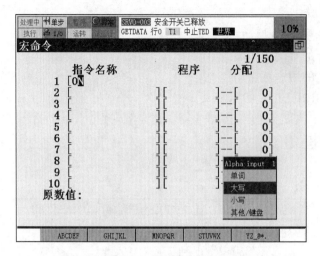

图 6-2-2　设置指令名称

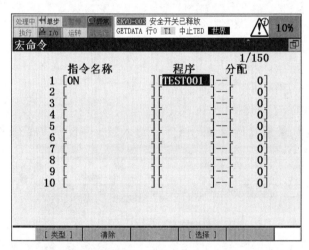

图 6-2-3　设置执行程序

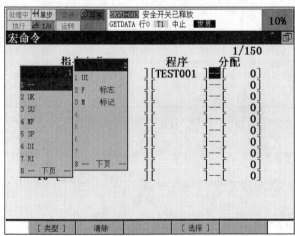

图 6-2-4　设置启动设备

（6）选择好方式后，将光标移动至 Assign（分配）的"[　]"处，输入数字设置设备号，如图6-2-5所示。

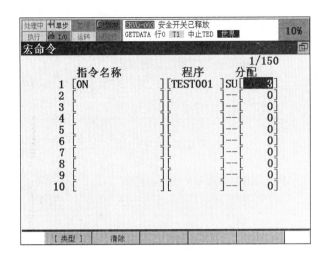

图 6-2-5　设置设备号

三、执行宏指令

1. 在示教器中的 MANUAL FCTNS 画面中执行

首先在宏指令设置界面设置启动方式为 MF 的宏指令，如图6-2-6所示。

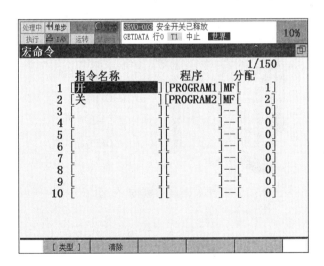

图 6-2-6　设置宏指令

（1）依次按键【MENU】（菜单）—MANUAL FCTNS（手动操作）。

（2）按【ENTER】（回车）键后进入图6-2-7所示画面。

（3）按住【SHIFT】的同时按下【F3】EXEC（执行），即可运行程序。

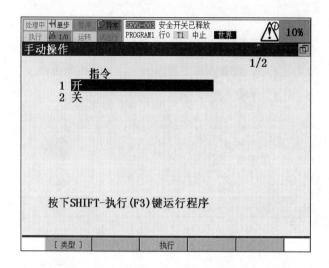

图 6-2-7　在 MANUAL FCTNS 画面中执行宏指令

2. 使用示教器上的用户键执行

示教器上的用户键分布，如图 6-2-8 所示。

图 6-2-8　用户键

注：

对于 UK，直接按用户键执行（一般情况下，UK 都在出厂前被定义了，具体功能见键帽上的标识）；

对于 SU，按住 SHIFT 键的同时，按用户键执行。

项 目 小 结

本项目涉及的知识主要有工业机器人程序指令和宏指令，分为两个任务进行学习，分别是认识常用的工业机器人程序指令、认识工业机器人宏指令，最终要求学生达到能灵活运用机器人的编程指令，实现机器人的轨迹控制。

思 考 题

1. 简述工业机器人常用程序指令的种类、指令格式及参数含义。
2. 简述工业机器人宏程序的定义。

项目七 工业机器人现场编程的典型应用案例

学习目标

完成本项目学习后,你应能:

1. 熟悉工业机器人典型应用;
2. 能按码垛工艺编写工业机器人码垛程序;
3. 能按涂胶工艺编写工业机器人搬运程序。

任务一 工业机器人搬运单元的编程与操作

一、工业机器人搬运应用

工业机器人搬运可安装不同的末端执行器(如机械夹爪、真空吸盘、电磁吸盘等)以完成不同形状和状态的工件搬运,大大减轻了人工繁重的体力劳动,通过编程控制,可以让多台机器人配合各工序不同设备的工作时间,实现流水线作业的最优化。

二、搬运任务编程

1. 搬运任务

搬运任务即完成传送带运输物料的抓取,放置物料架,图7-1-1所示为物料搬运路线图。

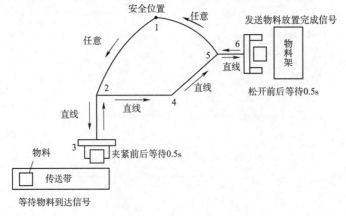

图 7-1-1 物料搬运路线图

2.搬运任务的编程与示教

1)工艺要求

(1)在进行搬运轨迹示教时,机械夹爪姿态与物料侧表面保持平行。

(2)工业机器人运行轨迹要求平稳流畅,放置物料时要求平缓准确。

2)程序编写

程序由运动指令、判断指令和I/O指令组合而成,图7-1-2所示为物料搬运流程图。

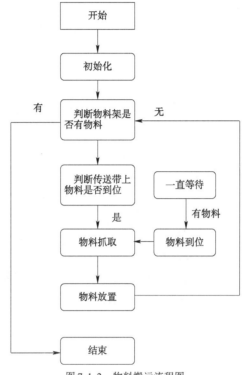

图7-1-2 物料搬运流程图

程序：

PROG CARRY

　1：DO[109:OFF:夹爪电磁阀]=OFF

　2：IF DI[101:OFF:物料架物料检测]=ON,JMP LBL[1]判断物料架是否有物料

　3：LBL[2]

　4：WAIT DI[102:OFF:传送带物料检测]=ON 判断传送带物料是否到位

　5:J P[1] 100% FINE

　6:J P[2] 100% CNT10

　7:L P[3] 200mm/sec FINE

　8：WAIT .50(sec)

　9：DO[109:OFF:夹爪电磁阀]=ON

　10：WAIT .50(sec)

　11:L P[2] 100mm/sec CNT10

　12:L P[4] 1000mm/sec CNT10

13：L P[5] 1000mm/sec CNT10

14：L P[6] 200mm/sec FINE

15： WAIT　.50(sec)

16： DO[109:OFF:夹爪电磁阀] = OFF

17： WAIT　.50(sec)

18：L P[5] 1000mm/sec CNT10

19：J P[1] 100% FINE

20： JMP LBL[2]

21： LBL[1]

END

任务二　工业机器人码垛单元的编程与操作

一、工业机器人码垛应用

工业机器人码垛是机电一体化高新技术应用,它可满足中低量的生产需求,可按照要求的编组方式和层数,完成对料带、胶块、箱体等各种产品码垛。工业机器人代替人工进行搬运、码垛,能迅速提高企业的生产率和产量,同时能减少人工操作造成的错误;工业机器人码垛可全天候作业,由此每年能节约大量的人力资源成本,达到减员增效的目的。

码垛是指只要对几个具有代表性的点位进行示教,即可从下层至上层按照顺序堆积工件。

二、编写码垛程序

1. 码垛堆积的种类

码垛堆积的结构由堆上式样(确定工件的堆上方法)和线路点(确定堆上工件时的路径)2 种式样构成;根据堆上式样和线路点的设定方法不同,码垛堆积种类可分为 4 类,分别为码垛堆积 B、码垛堆积 BX、码垛堆积 E 和码垛堆积 EX。

1)码垛堆积 B

码垛堆积 B 对应所有工件的姿势一定,码垛时的底面形状为直线或平行四边形的情形,如图 7-2-1 所示。

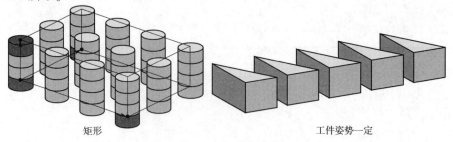

矩形　　　　　　　　　　　　　　　　工件姿势一定

图 7-2-1　码垛堆积 B

2）码垛堆积 E

码垛堆积 E 对应更为复杂的堆上式样情形(码垛方式不是以直线或平行四边形方式堆积)，如图 7-2-2 所示。

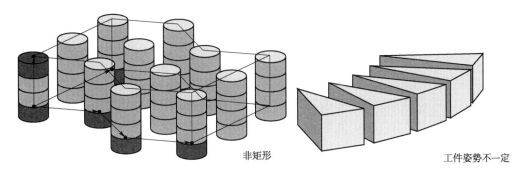

非矩形　　　　　　　　　　　　　　工件姿势不一定

图 7-2-2　码垛堆积 E

3）码垛堆积 BX、EX

相对于码垛堆积 B、E，码垛堆积 BX、EX 可以设定多个线路点，如图 7-2-3 所示。

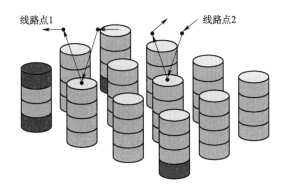

线路点1　　　　　　　　　线路点2

图 7-2-3　码垛堆积 BX、EX

2.码垛配置(初期数据的设定)

示教器上码垛配置画面设定的数据，将在后面的示教画面上使用，根据码垛堆积的种类有 4 类不同的显示，图 7-2-4 为 4 类码垛堆积显示，表 7-2-1 为码垛堆积的种类。

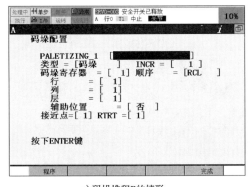

a) 码垛堆积B的情形

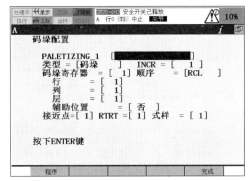

b)码垛堆积BX的情形

图　7-2-4

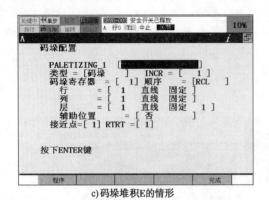
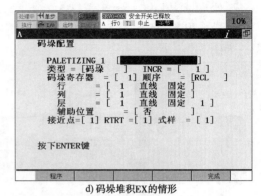

c) 码垛堆积E的情形　　　　　　　　　　　d) 码垛堆积EX的情形

图 7-2-4　码垛堆积各种类显示

码垛堆积的种类　　　　　　　　　　　　　　　　　　　　表 7-2-1

代号	排列方法	层式样	姿势控制	线路点数
B	只示教直线	无	始终固定	1
BX	只示教直线	无	始终固定	1 ~ 16
E	示教直线、自由示教或间隔指定	有	固定、分割	1
EX	示教直线、自由示教或间隔指定	有	固定、分割	1 ~ 16

　　通过码垛堆积指令的选择,显示对应所选码垛堆积种类的码垛配置输入,码垛堆积 EX 可以指定码垛堆积的所有功能,码垛堆积 B、BX、E 可以输入的功能受到限制,表 7-2-2 为码垛配置各数据的含义,图 7-2-5 为码垛堆积 EX 配置画面。

码垛配置各数据含义　　　　　　　　　　　　　　　　　　表 7-2-2

数据类型	说　　明
码垛堆积号码	对码垛堆积语句进行示教时,自动赋予号码。 码垛堆积_N:1 ~ 6
码垛堆积种类	利用码垛堆积结束指令来选择码垛寄存器的加减法运算,选择码垛或拆垛
寄存器增加数	利用码垛堆积结束指令,在码垛寄存器上加减运算值(指定每隔几个码垛或拆垛)
码垛寄存器号码	指定在码垛堆积指令和码垛堆积结束指令中所使用的码垛寄存器
顺序	指定码垛(拆垛)行列层的顺序
排列(行列层)数	码垛(拆垛)式样的行列层数
排列方法	码垛(拆垛)式样行列层的排列方法,有直线示教、自由示教、间隔指定之分(仅限码垛堆积 E、EX)
姿势控制	码垛(拆垛)式样的行列层的姿势控制,有固定和分割之分(仅限码垛堆积 E、EX)
层式样数	可以根据层来改变码垛方法(仅限码垛堆积 E、EX)
辅助位置	在选择了有辅助位置的情况下,指定辅助位置的姿势控制(固定、分割)(仅限码垛堆积 E、EX)

数 据 类 型	说　明
接近点数	线路点接近点的点数
抬起点数	线路点抬起点的点数
径路式样数	线路点的数量

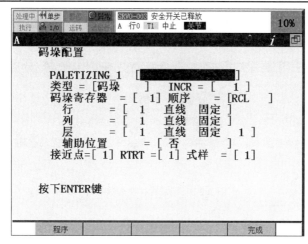

图7-2-5　码垛堆积EX配置画面

3. 码垛堆积的指令

1）码垛堆积指令

码垛堆积指令基于码垛寄存器的值,根据码垛式样计算当前码垛点的位置,并根据线路式样计算当前的路径,改写码垛动作指令的位置数据,如图7-2-6所示。

图7-2-6　码垛堆积指令格式

码垛号码:在示教完码垛的数据后,随同码垛指令、码垛动作指令和码垛结束指令一起被自动写入。在对新的码垛堆积进行示教时,码垛号码将被自动更新。

2）码垛堆积动作指令

码垛堆积动作指令是以使用具有接近点、码垛点、抬起点的路径点作为位置数据的动作指令,是码垛专用的动作指令。该位置数据通过码垛指令每次都被改写,如图7-2-7所示。

图7-2-7　码垛堆积动作指令格式

3）码垛堆积结束指令

码垛堆积结束指令计算下一个码垛点,改写码垛寄存器的值,如图7-2-8所示。

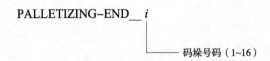

图7-2-8 码垛堆积结束指令格式

4）码垛寄存器指令

码垛寄存器指令用于码垛堆积控制,进行堆上点的指定、比较、分支等,如图7-2-9所示。

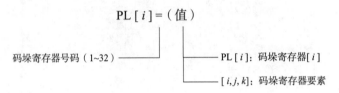

图7-2-9 码垛寄存器指令格式

4.码垛堆积示教

1）示教码垛堆积流程

示教码垛堆积的步骤流程如图7-2-10所示。

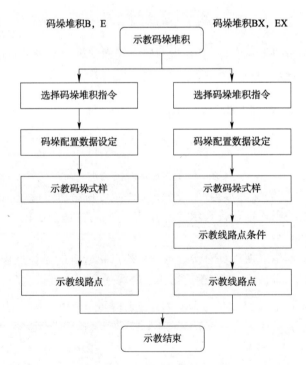

图7-2-10 示教码垛堆积流程图

2）插入码垛堆积指令

（1）按键操作:【SELECT】（一览）进入程序一览界面,创建空白程序并进入程序编辑界面。

(2)按键操作:【NEXT】(下一页)—【F1】INST(指令),显示辅助菜单,移动光标至【7 码垛】按【ENTER】(回车)键确认进入如图 7-2-11 所示的画面。

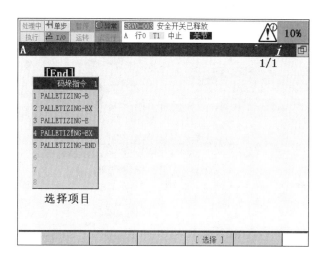

图 7-2-11　码垛堆积种类选择辅助菜单

(3)按键操作:移动光标至【4 PALLETIZING—EX】(码垛堆积 EX),并按【ENTER】(回车)键确认,进入如图 7-2-12 所示的码垛配置画面,本书将以码垛堆积 EX(码垛堆积模式复杂,路径模式有多种)为例。

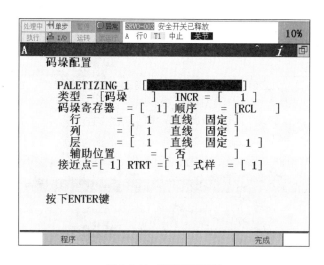

图 7-2-12　码垛配置画面

3)码垛配置数据设定

(1)按键操作:移动光标至注释,按下【ENTER】(回车)键确认,画面显示辅助菜单,移动光标选择【大写】、【小写】或【标点符号】进行注释,如图 7-2-13 所示。当选择【其他/键盘】时,按【F5】KEYBOARD(键盘)进行中文注释,注释完成后按下【ENTER】(回车)键确认。

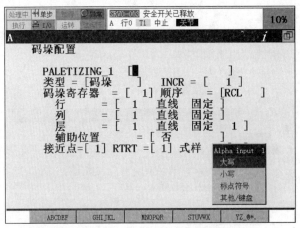

图 7-2-13 字符输入辅助菜单

（2）按键操作：移动光标至【TYPE】（类型），根据实际工艺选择码垛堆积类型，按【F2】PALLET（码垛）选择码垛工艺，按【F3】DEPALL（拆垛）选择拆垛工艺，如图 7-2-14 所示。

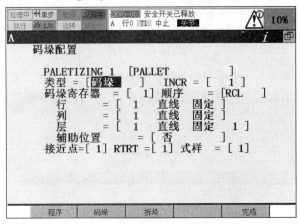

图 7-2-14 码垛堆积方式

（3）按键操作：移动光标至【INCR】（增加），根据实际工艺选择寄存器增加数，输入完成后按下【ENTER】（回车）键确认，如图 7-2-15 所示（标准值为 1）。

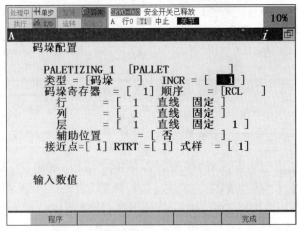

图 7-2-15 寄存器增加数

（4）按键操作：移动光标至【PAL REG】（码垛寄存器），根据码垛寄存器使用情况选择码垛寄存器标号，输入完成后按下【ENTER】（回车）键确认。

（5）按键操作：移动光标至【ORDER】（顺序），按【F2】～【F4】选择行列层的顺序，如图 7-2-16 所示（当确定第一个条件和第二个条件后第三个条件自动确定）。

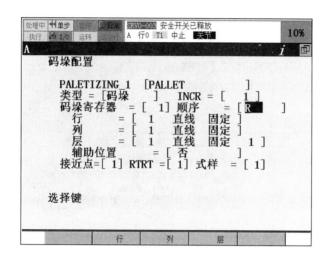

图 7-2-16　行列层顺序选择

（6）按键操作：移动光标至行列层每一行的第一个数据，指定行、列和层数，输入完成后按下【ENTER】（回车）键确认，如图 7-2-17 所示。

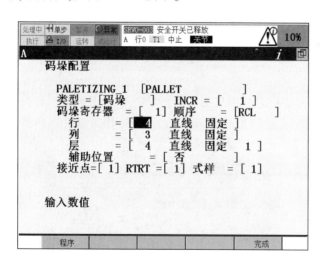

图 7-2-17　行列层数输入

（7）按键操作：移动光标至行列层每一行的第二个数据，指定行、列和层的排列方法，按【F2】LINE（直线）选择直线排列，按【F3】FREE（自由）选择自由排列，如图 7-2-18 所示。按照一定间隔排列时，输入间隔指定数（单位 mm），按【ENTER】（回车）键确认，如图 7-2-19 所示。

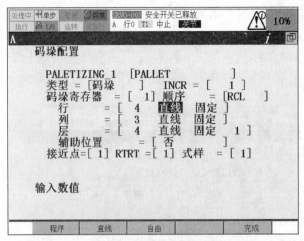

图 7-2-18　指定排列方法

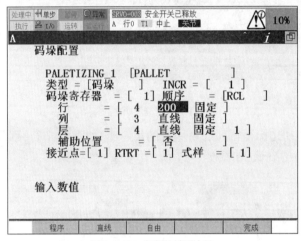

图 7-2-19　自定义排列方法

（8）按键操作：移动光标至行列层每一行的第三个数据，指定行、列和层的姿势控制，按【F2】FIX（固定）选择固定，按【F3】INTER（内部）选择内部，如图 7-2-20 所示。

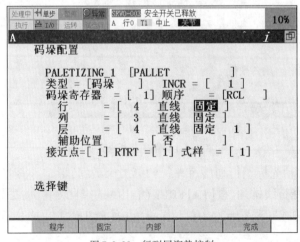

图 7-2-20　行列层姿势控制

（9）按键操作:移动光标至【接近点】、【抬起点】和【样式】,输入接近点、抬起点和样式数,如图7-2-21所示。

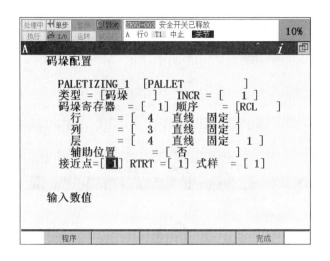

图7-2-21　接近点、抬起点、样式选择

（10）要中断码垛配置的设定时,按【F1】PROG（程序）即可返回程序编辑界面,若按【F5】DONE（完成）,进入码垛底部点（码垛堆积式样）示教界面,如图7-2-22所示。

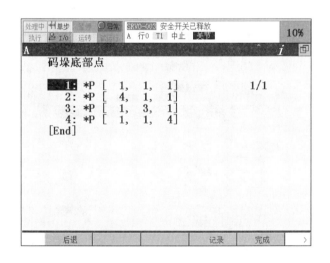

图7-2-22　码垛底部点示教

4）码垛底部点示教（码垛堆积式样示教）

（1）在码垛底部点示教的界面上,对码垛式样的代表码垛点进行示教,在执行码垛堆积时,从所示教的代表点自动计算目标码垛点,示例如图7-2-23所示。

（2）按键操作:移动光标至相应行,将机器人点动进给至希望示教的代表码垛点上,按【SHIFT】+【F4】RECORD（记录）,记录当前机器人位置。未示教点位显有"＊"标记,已示教点位显有"-"标记,如图7-2-24所示。

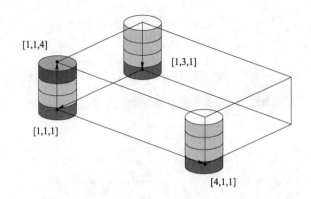

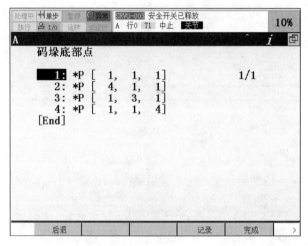

图 7-2-23 码垛堆积底部点示教位置

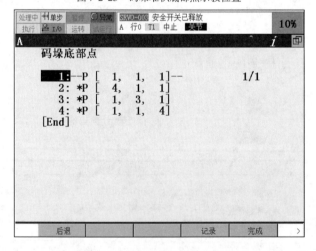

图 7-2-24 码垛底部已示教点位显示

（3）按键操作：如图 7-2-25 所示，移动光标至图 a）所示的位置，按【F5】POSITION（位置），打开所示教代表码垛点的点位数据，可根据实际距离直接更改相应的 X、Y、Z 位置数据[输入完数字后按【ENTER】（回车）确认键]，返回时，按【F4】DONE（完成）即可，如图 b）所示。

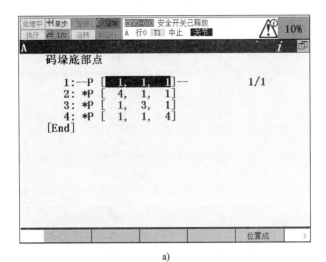

a)

b)

图7-2-25 位置详细数据显示

（4）按键操作：移动光标至相应行，移动机器人至相对应的代表码垛点，按【SHIFT】+【F4】RECORD（记录），记录当前机器人位置，按照相同步骤完成所有代表码垛点的示教。

（5）按键操作：按【F5】DONE（完成），进入下一步骤——码垛线路式样界面，如图7-2-26所示。

5）码垛线路式样设置（设定线路点条件）

（1）码垛堆积BX、EX，可根据码垛点分别设定多种线路点。码垛堆积B、E，只可以设定一个线路点，所以不会显示如图7-2-27所示的界面。

（2）要根据码垛点来改变路径，事先在设定码垛配置时指定所需的线路点数。为每个经路式样数分别设定线路点的条件。如图7-2-28所示示例，码垛点的第1列使用式样1，第2列使用式样2，第3列使用式样3。

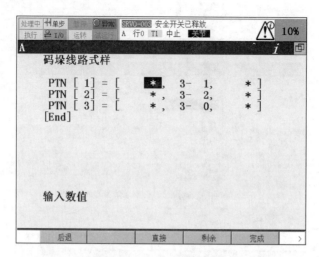

图 7-2-26　码垛线路样式

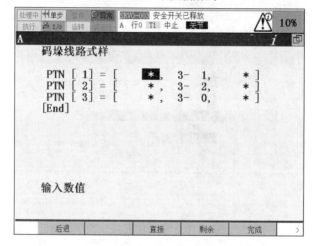

图 7-2-27　码垛堆积 BX、EX 线路样式

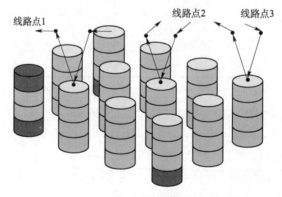

图 7-2-28　使用 3 个线路点的码垛堆积

（3）线路点条件的使用方法：

①码垛堆积的执行，使用码垛点行、列、层与线路点条件行、列、层（要素）的值相互一致的条件号码线路点。

②直接指定方式下,在 1～127 的范围内指定码垛点。"＊"表示任意的码垛点。

③余数指定方式下,线路点条件的要素为"m-n",根据余数系统来指定码垛点。

例:层的要素为"3-1"的情况下,表示用 3 除以码垛点的值,其余数为 1。

④没有与当前码垛点一致的线路点条件时,发出报警。此外,在与当前码垛点一致的线路点条件存在 2 个以上的情况下,按照下面的顺序优先使用经路式样条件。

a.使用基于直接指定方式指定的经路式样条件;

b.上述 a 的条件同等时,使用基于余数指定方式指定的经路式样条件,使用余数指定相互间 m 值较大的经路式样条件;

c.上述 a、b 的条件同等时,使用经路式样条件号码较小的经路式样条件。

(4)按键操作:直接指定方式下,将光标指向希望更改的点,输入数值。要指定"＊"(星号)时,输入"0",按下【ENTER】(回车)键确认,如图 7-2-29 所示。

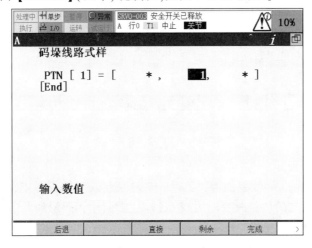

图 7-2-29 码垛堆积线路样式任意码垛点

(5)按键操作:余数指定方式下,按【F4】MODULO(剩余),条目被分成 2 个,在该状态下输入数值,按下【ENTER】(回车)键确认,如图 7-2-30 所示。

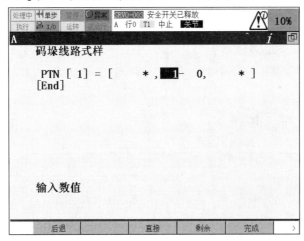

图 7-2-30 码垛堆积线路样式余数系统指定码垛点

（6）要在直接指定方式下输入时，按【F3】DIRECT（直接）（若为1条线路式样时，不指定线路点式样，任意的码垛点也可用）。

（7）按【F1】BACK（后退），返回上一步骤，按【F5】DONE（完成），进入码垛线路点示教界面，如图7-2-31所示。

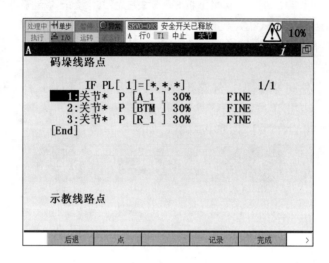

图7-2-31　码垛线路点示教

6）示教码垛线路点

（1）码垛堆积线路点示教界面上，设定工件码垛点或工件拆垛点前后通过的几个路径点。路径点随着码垛点的位置改变而改变，图7-2-32所示为码垛线路点示教界面，图7-2-33所示为码垛堆积的经路。

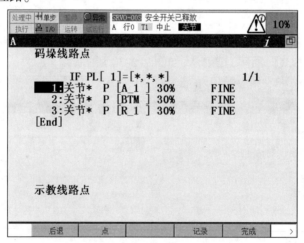

图7-2-32　码垛堆积线路点示教

（2）按键操作：移动光标至相应行，按【F2】POINT（点），显示标准动作菜单，设定动作类型，如图7-2-34所示，将机器人点动进给至希望示教的路径点，按【SHIFT】+【F4】RECORD（记录），记录当前位置（未示教位置显示"＊"）。

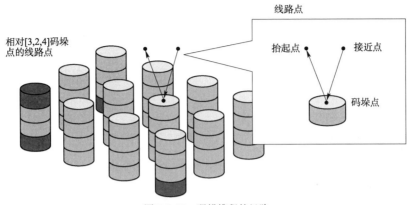

图 7-2-33 码垛堆积的经路

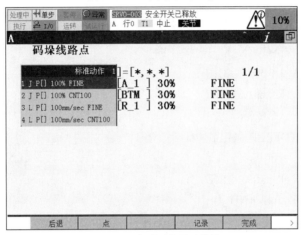

图 7-2-34 标准动作辅助菜单

（3）在程序中止时，按【SHIFT】+【FWD】（前进），机器人移动至光标行的路径点。

（4）按【F5】DONE（完成），退出码垛堆积设置界面，返回程序编辑界面，即码垛堆积指令自动生成，如图 7-2-35 所示。

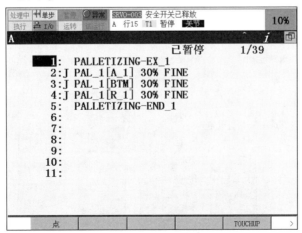

图 7-2-35 程序编辑

（5）码垛堆积指令生成后可根据需求加入必要指令，如产品抓取动作指令、末端抓取指令等。

7）执行码垛堆积

（1）码垛堆积参考程序如下所示；

PROG A

  1：PL[1] = [1,1,1]　　　　　　　　将[1,1,1]赋值给码垛寄存器[1]

  2：LBL[1]

  3:J P[1] 20% FINE

  4:L P[2] 100mm/sec FINE

  5:L P[3] 100mm/sec FINE

  6：WAIT　　.50(sec)

  7：DO[109:OFF:吸盘电磁阀开] = ON

  8：WAIT　　.50(sec)

  9:L P[2] 100mm/sec FINE

  10：PALLETIZING- EX_1

  11:J PAL_1[A_1] 30% FINE

  12:J PAL_1[BTM] 30% FINE

  13：WAIT　　.50(sec)

  14：DO[109:OFF:吸盘电磁阀开] = OFF

  15：WAIT　　.50(sec)

  16:J PAL_1[R_1] 30% FINE

  17：PALLETIZING- END_1

  18：IF PL[1] < >[4,3,4],JMP LBL[1]　　如果码垛寄存器[1]的值不等于[4,3, 4]时,跳转至标签1

  19:J P[1] 20% FINE

END

（2）码垛堆积方式如图7-2-36所示。

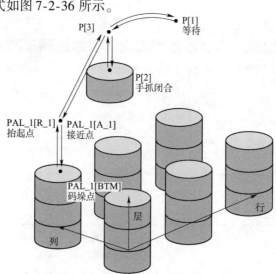

图 7-2-36 码垛堆积方式

项目小结

本项目涉及的知识主要是分析 FANUC 工业机器人典型应用案例,并以码垛堆积指令的运用为例,学习以 FANUC 工业机器人原有的码垛堆积指令实现货物的堆积。

思考题

1. 运用位置寄存器法,完成如图 7-2-37 所示的轨迹。

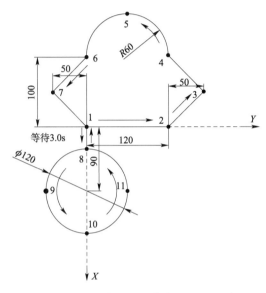

图 7-2-37 轨迹

参考程序:

```
PROC TEST
    1： PR[1] = LPOS
    2： PR[2] = PR[1]
    3： PR[2,2] = PR[1,2] + 120
    4： PR[3] = PR[2]
    5： PR[3,2] = PR[2,2] + 50
    6： PR[3,1] = PR[2,1] + 50
    7： PR[4] = PR[2]
    8： PR[3,1] = PR[2,1] - 100
    9： PR[5] = PR[4]
   10： PR[5,2] = PR[4,2] - 60
   11： PR[5,1] = PR[4,1] - 60
   12： PR[6] = PR[4]
```

13： PR[6,2] = PR[4,2]-120

14： PR[7] = PR[3]

15： PR[7,2] = PR[3,2]-170

16： L PR[1] 200mm/sec FINE

17： L PR[2] 200mm/sec FINE

18： L PR[3] 200mm/sec FINE

19： L PR[4] 200mm/sec FINE

20： C PR[5]

　　　　PR[6] 200mm/sec FINE

21： L PR[7] 200mm/sec FINE

22： L PR[1] 200mm/sec FINE

23： WAIT　　3.0(sec)

24： PR[8] = PR[1]

25： PR[8,1] = PR[1,1] +30

26： PR[9] = PR[8]

27： PR[9,1] = PR[8,1] +60

28： PR[9,2] = PR[8,2]-60

29： PR[10] = PR[8]

30： PR[10,1] = PR[8,1] +120

31： PR[11] = PR[9]

32： PR[11,2] = PR[9,2] +120

33： L PR[8] 200mm/sec FINE

34： C PR[9]

　　　　PR[10] 200mm/sec FINE

35： C PR[11]

　　　　PR[8] 200mm/sec FINE

36： WAIT 3.0 sec

37： L PR[1] 200mm/sec FINE

END

2. 运用码垛堆积 EX,完成如图 7-2-38 所示姿态的码垛堆积。

图 7-2-38　码垛堆积

参考程序：

PROG　TEST

　1： PL[1] = [1,1,1]

　2： LBL[1]

　3：J P[1] 20% FINE

　4：L P[2] 100mm/sec FINE

　5：L P[3] 100mm/sec FINE

　6： WAIT 　.50(sec)

　7： DO[109:OFF:吸盘电磁阀开] = ON

　8： WAIT 　.50(sec)

　9：L P[2] 100mm/sec FINE

　10： PALLETIZING-EX_1

　11：J PAL_1[A_1] 30% FINE

　12：J PAL_1[BTM] 30% FINE

　13： WAIT 　.50(sec)

　14： DO[109:OFF:吸盘电磁阀开] = OFF

　15： WAIT 　.50(sec)

　16：J PAL_1[R_1] 30% FINE

　17： PALLETIZING-END_1

　18： IF PL[1] < >[4,3,4],JMP LBL[1]

　19：J P[1] 20% FINE

END

参 考 文 献

［1］叶晖,管小清.工业机器人实操与应用技巧［M］.北京:机械工业出版社,2017.

［2］田贵福,林燕文.工业机器人现场编程［M］.北京:机械工业出版社,2017.

［3］杨杰忠,邹火军.工业机器人操作与编程［M］.北京:机械工业出版社,2017.

［4］金凌芳,许红平.工业机器人概论［M］.杭州:浙江科学技术出版社,2017.

［5］徐忠想,康亚鹏,陈灯.工业机器人应用技术入门［M］.北京:机械工业出版社,2017.